Versión del estudiante

Eureka Math

1.er grado

Módulos 5 y 6

Un agradecimiento especial al Gordon A. Cain Center y al Departamento de Matemáticas de la Universidad Estatal de Luisiana por su apoyo en el desarrollo de *Eureka Math*.

Para obtener un paquete gratis de recursos de Eureka Math para maestros, Consejos para padres y más, por favor visite www.Eureka.tools

Publicado por la organización sin fines de lucro Great Minds®.

Impreso en EE. UU.

Este libro puede comprarse directamente en la editorial en eureka-math.org

10 9 8 7 6 5 4 3 2 1

ISBN: 978-1-68386-201-7

Nombre ______________________________ Fecha ____________

1. Encierra en un círculo las figuras que tienen 5 lados rectos.

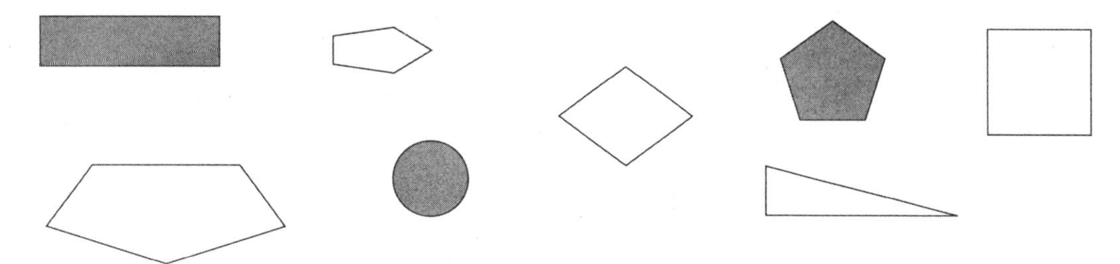

2. Encierra en un círculo las figuras que no tienen lados rectos.

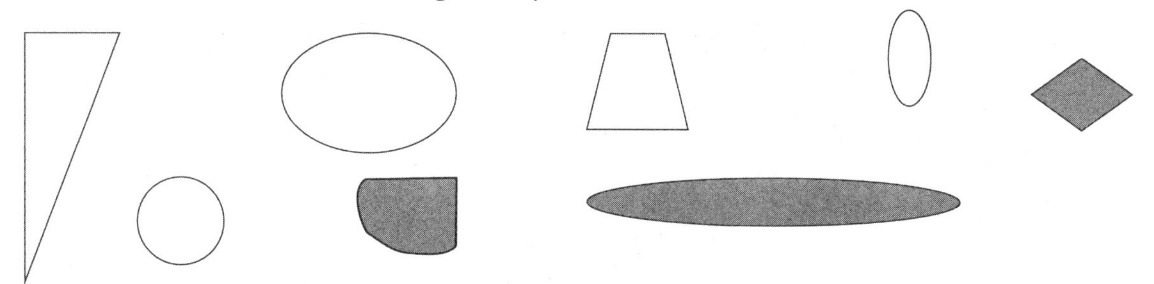

3. Encierra en un círculo las figuras donde cada esquina es una esquina cuadrada.

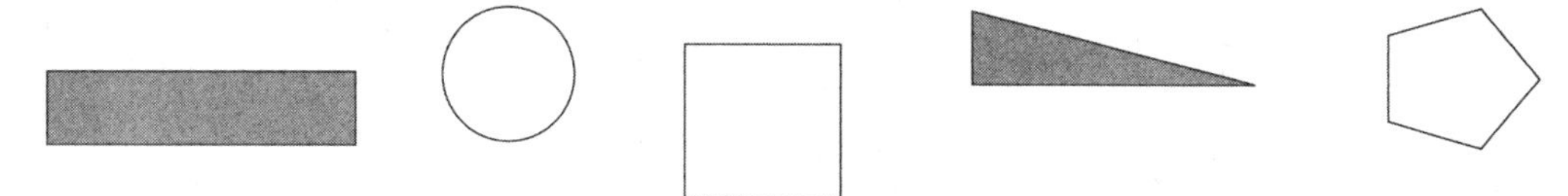

4.

a. Dibuja una figura que tenga 3 lados rectos:	b. Dibuja otra figura con 3 lados rectos que sea diferente a la 4(a) y a las de arriba:

5. ¿Qué atributos o características son iguales para todas las figuras en el Grupo A?

GRUPO A

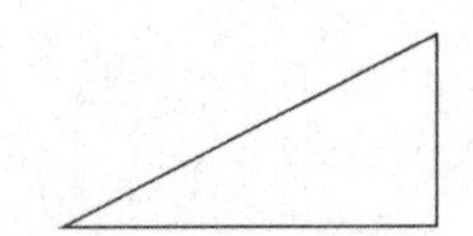
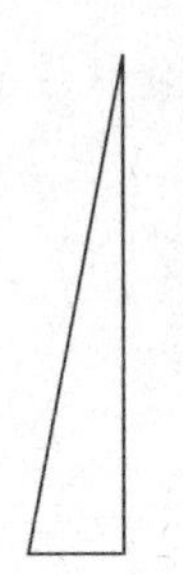

Todas ____.

Todas ____.

6. Encierra en un círculo la figura que mejor se ajusta al Grupo A.

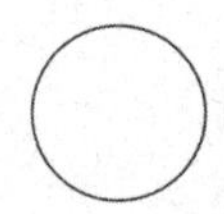

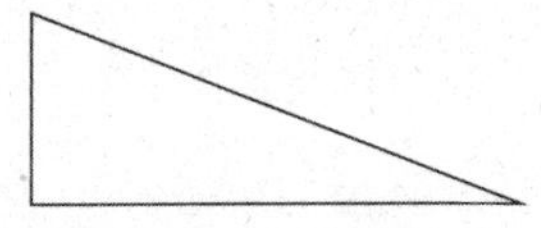
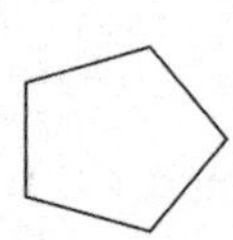

7. Dibuja 2 figuras más que se ajusten al Grupo A:	8. Dibuja 1 figura que <u>**no**</u> se ajuste al Grupo A:

Nombre ______________________________ Fecha ______________

1. Encierra en un círculo las figuras que tienen 3 lados rectos.

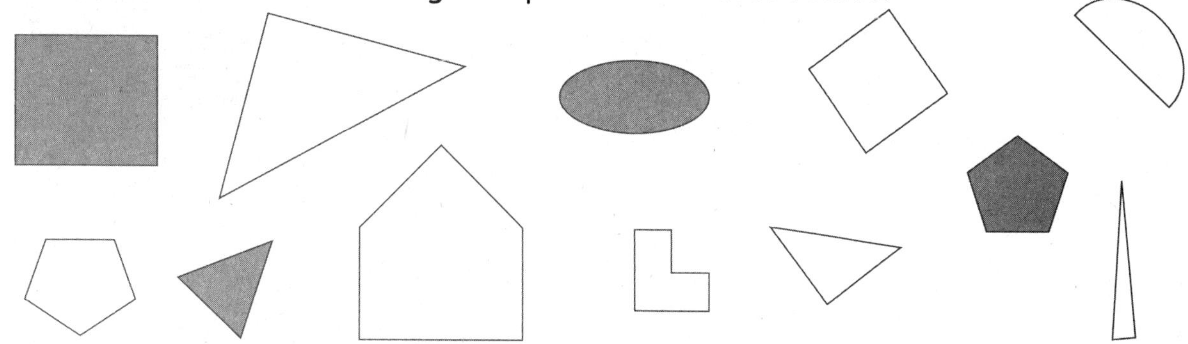

2. Encierra en un círculo las figuras que no tienen esquinas.

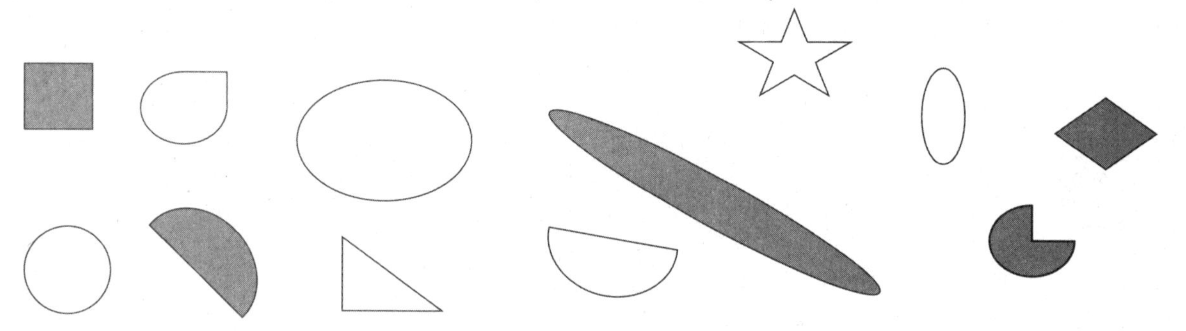

3. Encierra en un círculo las figuras que tengan únicamente esquinas cuadradas.

4.

a. Dibuja una figura que tenga 4 lados rectos:	b. Dibuja otra figura con 4 lados rectos que sea diferente a la 4(a) y a las de arriba:

5. ¿Qué atributos, o características, son iguales para todas las figuras en el Grupo A?

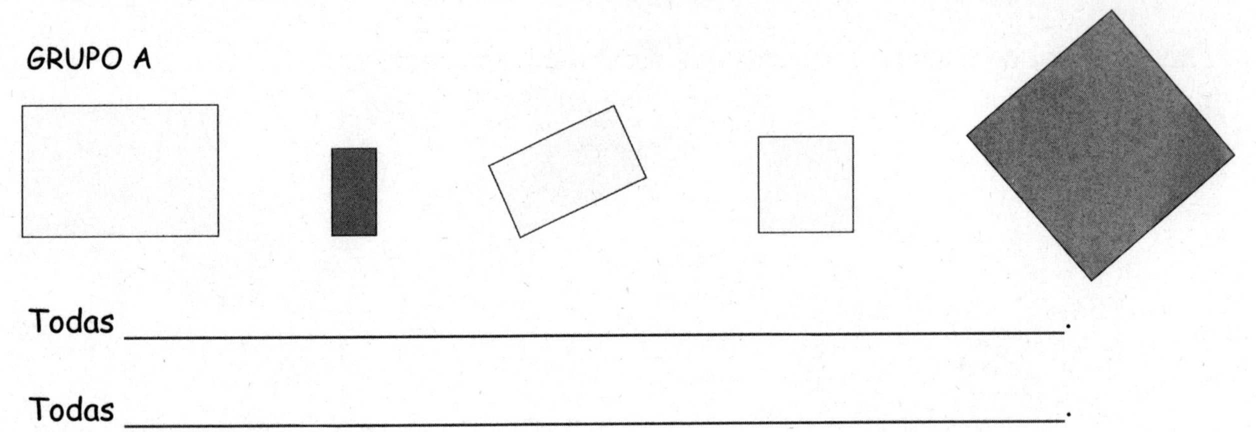

Todas ____.

Todas ____.

6. Encierra en un círculo la que mejor se ajuste al Grupo A.

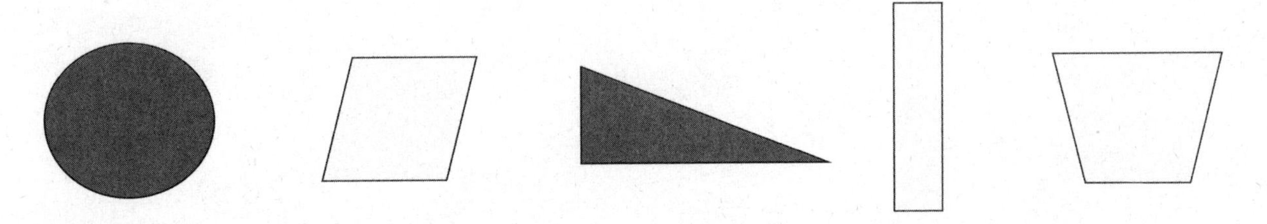

7. Dibuja 2 figuras más que se ajusten al Grupo A:	8. Dibuja 1 figura que **no** se ajuste al Grupo A:

Nombre ______________________________ Fecha ______________

1. Usa la clave para colorear las formas. Escribe cuántas de cada forma hay en la imagen. Susurra el nombre de la figura mientras trabajas.

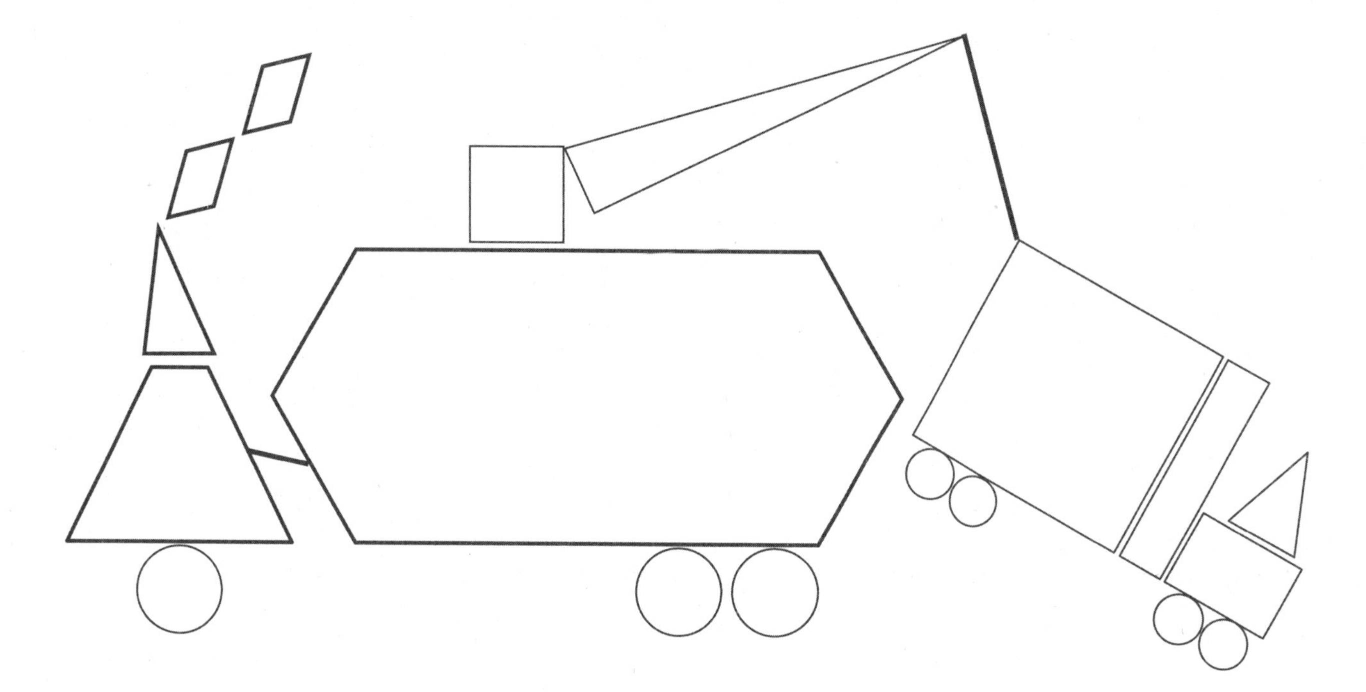

a. ROJO—figuras con 4 lados: _____

b. VERDE—figuras con 3 lados: _____

c. AMARILLO—figuras con 5 lados: _____

d. NEGRO—figuras con 6 lados: _____

e. AZUL—figuras sin esquinas: _____

2. Encierra en un círculo las figuras que son rectángulos.

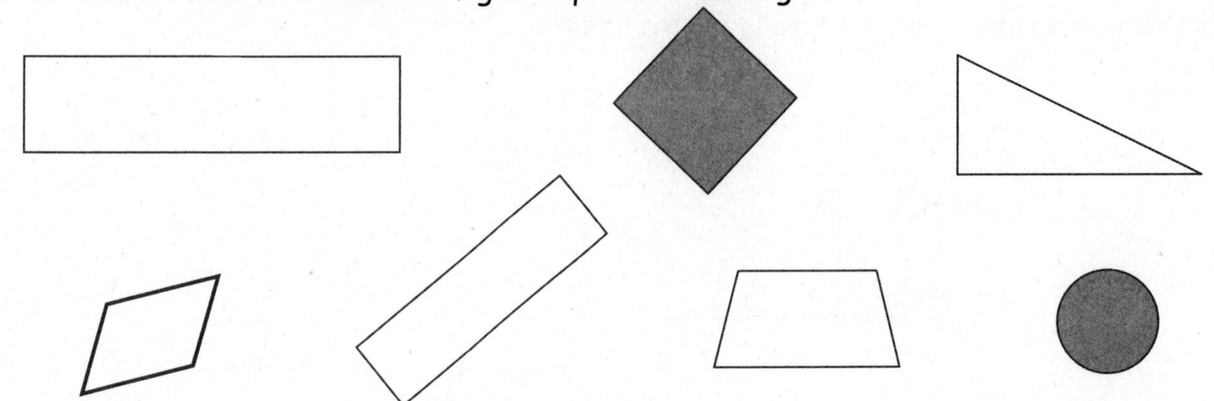

3. ¿Es la figura un rectángulo? Explica tu razonamiento.

a.

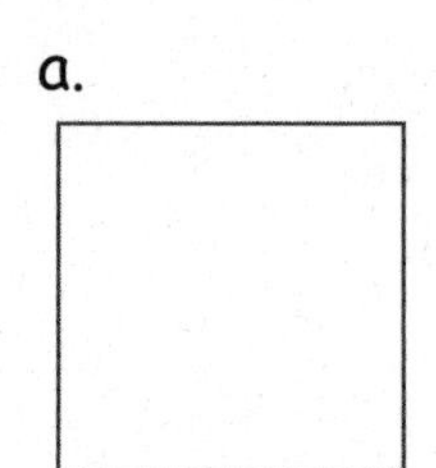

b.

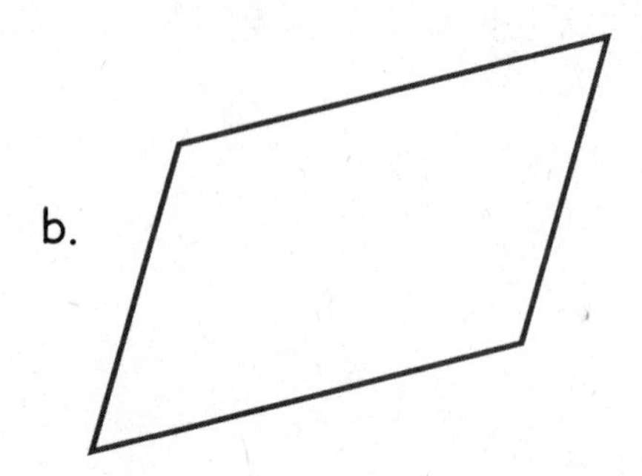

Nombre ________________________________ Fecha ____________

1. Colorea las figuras usando la clave. Escribe el número de las figuras que coloreaste en cada línea.

Clave

ROJO 3 lados rectos:

AZUL 4 lados rectos:

VERDE 6 lados rectos:

AMARILLO 0 lados rectos:

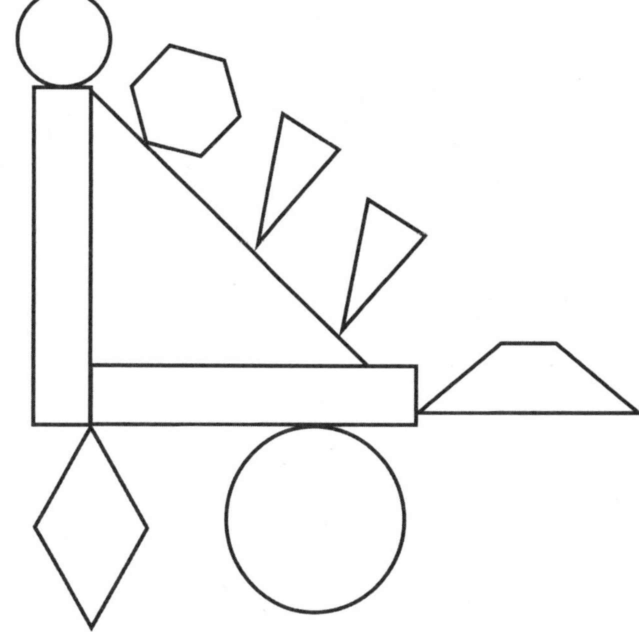

2.

a. Un **triángulo** tiene ____ lados rectos y ____ esquinas.

b. Yo coloreé ____ triángulos.

3.

a. Un **hexágono** tiene ____ lados rectos y ____ esquinas.

b. Yo coloreé ____ hexágono.

4.

a. Un **círculo** tiene ____ lados rectos y ____ esquinas.

b. Yo coloreé ____ círculos.

5.

a. Un **rombo** tiene ____ lados rectos que son iguales en longitud y ____ esquinas.

b. Yo coloreé ____ rombo.

6. Un **rectángulo** es una figura cerrada con 4 lados rectos y 4 esquinas cuadradas.

a. Tacha la figura que NO es un rectángulo.

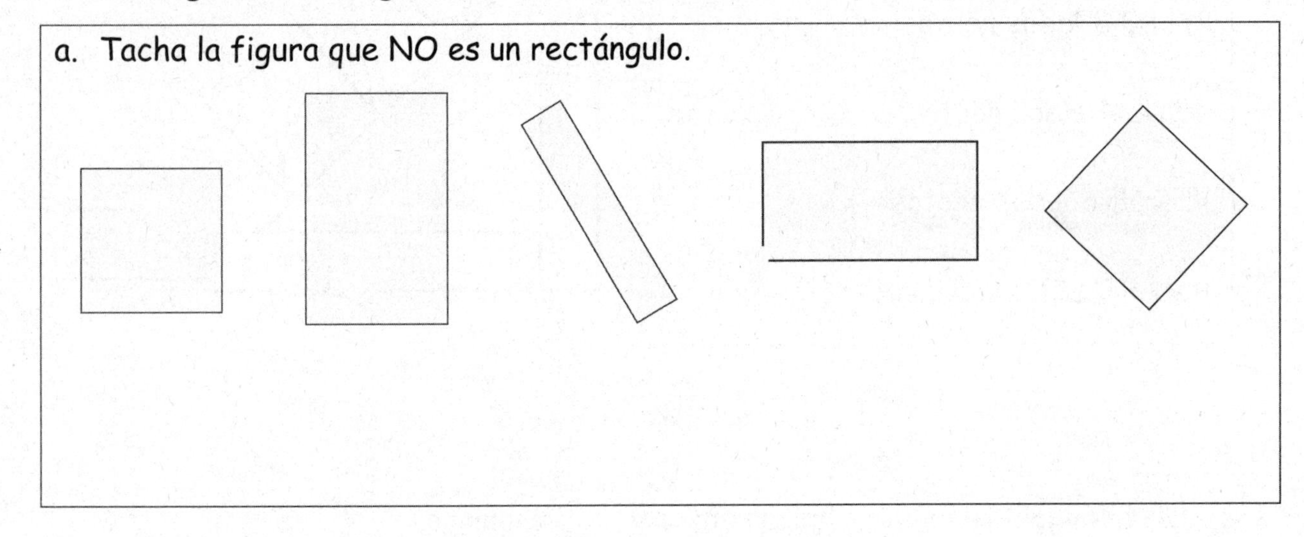

b. Explica tu razonamiento: ______________________________

____

7. Un **rombo** es una figura cerrada con 4 lados rectos de la misma longitud.

a. Tacha la figura que NO es un rombo.

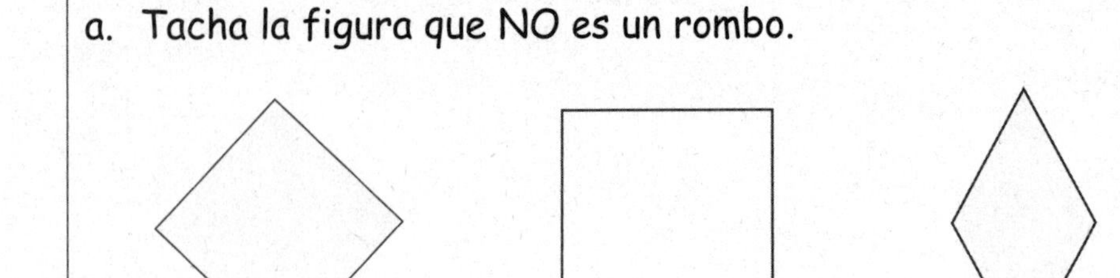

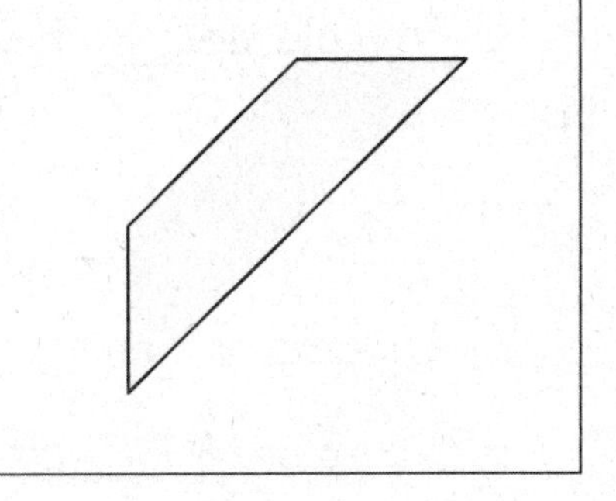

b. Explica tu razonamiento: ______________________________

____

Nombre _______________________________ Fecha ______________

1. En los primeros 4 objetos, colorea de rojo una de las superficies planas. Relaciona cada figura tridimensional con su nombre.

a. ●	Prisma rectangular
b. ●	Cono
c. ●	Esfera
d. ●	Cilindro
e. ●	Cubo

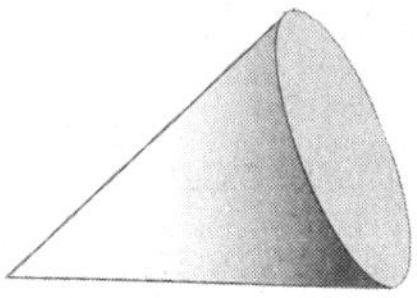

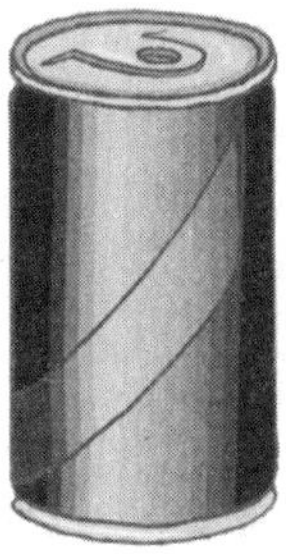

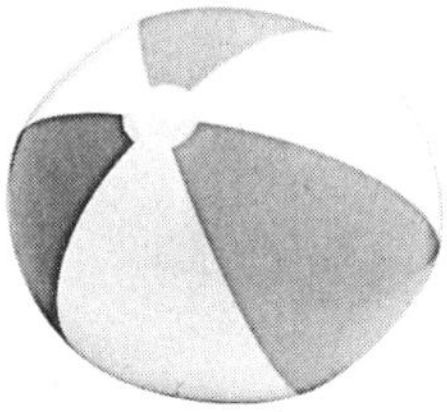

2. Escribe el nombre de cada objeto en la columna correcta.

Cubos	Esferas	Conos	Prismas rectangulares	Cilindros

3. Encierra en un círculo los atributos que describen a todas las esferas.

no tienen lados rectos

son redondas

pueden rodar

pueden rebotar

4. Encierra en un círculo los atributos que describen a *TODOS* los cubos.

tienen superficies

son rojos

son duros

tienen 6 caras

Nombre ______________________________ Fecha ______________

1. Haz una búsqueda del tesoro para figuras tridimensionales. Busca objetos en casa que se ajusten a la siguiente tabla. Trata de encontrar por lo menos cuatro objetos para cada figura.

Cubo	Prisma rectangular	Cilindro	Esfera	Cono

2. Elige un objeto de cada columna. Explica cómo sabes que el objeto corresponde a esa columna. Usa el banco de palabras si hace falta.

Banco de palabras

caras	círculo	cuadrado	rollo	seis
lados	rectángulo	punta	plano	

a. Coloco ______________________ en la columna de cubos porque ____.

b. Coloco ______________________ en la columna de cilindros porque ____.

c. Coloco ______________________ en la columna de esferas porque ____.

d. Coloco ______________________ en la columna de conos porque ____.

e. Coloco ______________________ en la columna de prisma rectangular porque ____.

Nombre ____________________ Fecha __________

Usa bloques de patrones para crear las siguientes figuras. Traza o dibuja para registrar tu trabajo.

1. Usa 3 triángulos para hacer 1 trapezoide.	2. Usa 4 cuadrados para hacer 1 cuadrado más grande.
3. Usa 6 triángulos para hacer 1 hexágono.	4. Usa 1 trapezoide, 1 rombo, y 1 triángulo para hacer 1 hexágono.

5. Haz un rectángulo usando los cuadrados a partir del bloque de patrones. Traza los cuadrados para mostrar el rectángulo que hiciste.

6. ¿Cuántos cuadrados ves en este rectángulo?

Yo puedo encontrar ________ cuadrados en este rectángulo.

7. Usa tu bloque de patrones para hacer una imagen. Traza las figuras para mostrar lo que hiciste. Di a un compañero qué figuras usaste. ¿Puedes encontrar algunas figuras más grandes dentro de tu imagen?

Nombre ______________________________ Fecha ____________

Recorta las figuras de bloques de patrón de la parte inferior de la página. Colorea las mismas para que coincidan con la clave, que es diferente de los colores de bloque de patrón en la clase. Traza o dibuja para mostrar lo que hiciste.

Hexágono—rojo	Triángulo—azul	Rombo—amarillo	Trapezoide—verde

1. Usa 3 triángulos para hacer 1 trapezoide.	2. Usa 3 triángulos para hacer 1 trapezoide y luego agrega 1 trapezoide para hacer 1 hexágono.

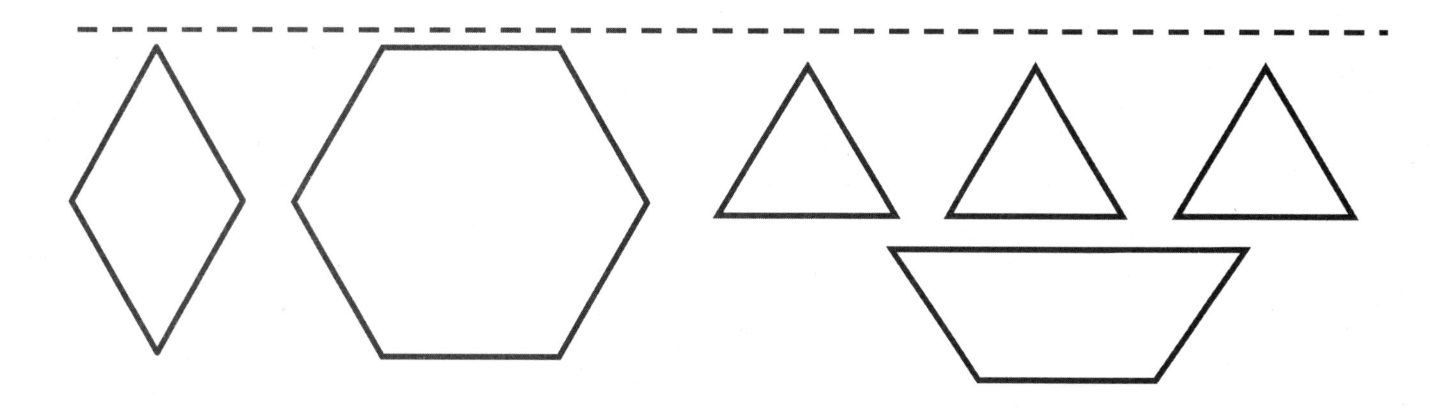

3. ¿Cuántos cuadrados ves en este cuadrado grande?

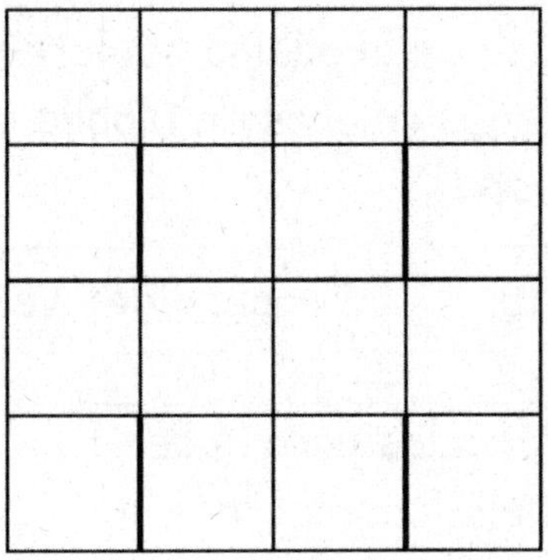

Puedo encontrar __________ cuadrados en este rectángulo.

Nombre ______________________________ Fecha ______________

1.

a. ¿Cuántas figuras se usaron para hacer este cuadrado grande?

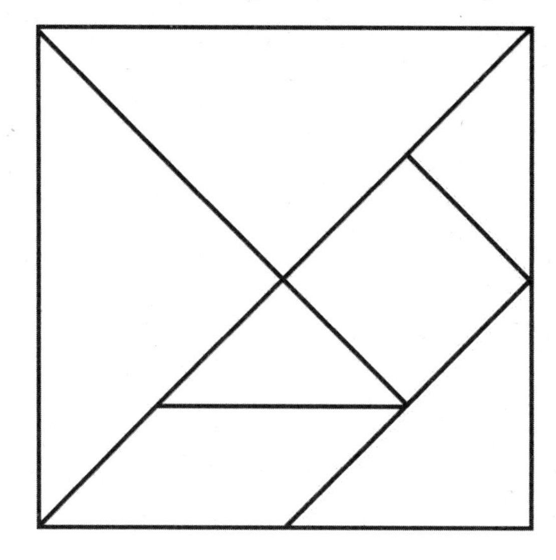

Hay ____________ figuras en este cuadrado grande.

b. ¿Cuáles son los nombres de los 3 tipos de figuras usadas para hacer el cuadrado grande?

________________ ________________ ________________

2. Usa 2 de las piezas de tu Tangram para hacer un cuadrado. ¿Cuáles fueron las dos piezas que usaste? Dibuja o traza las piezas para mostrar cómo hiciste el cuadrado.

3. Usa 4 de las piezas de tu Tangram para hacer un trapezoide. Dibuja o traza las piezas para mostrar las figuras que usaste.

4. Usa todas las 7 piezas del Tangram para completar el rompecabezas.

5. Con un compañero, haz un pájaro o una flor usando todas tus piezas. Dibuja o traza para mostrar las piezas que usaste en la parte posterior de tu hoja. Experimenta para ver qué otros objetos puedes hacer con tus piezas. Dibuja o traza para mostrar lo que creaste en la parte de atrás de tu hoja.

Nombre ______________________________ Fecha ______________

1. Recorta todas las piezas del Tangram a partir de la pieza de papel separada que llevaste a casa desde la escuela. Así se ve:

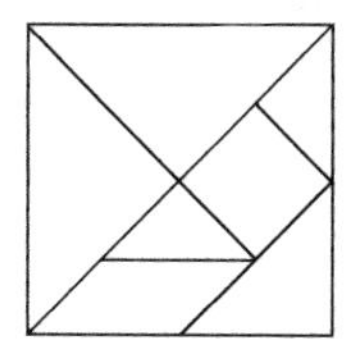

2. Di a un miembro de la familia el nombre de cada figura.

3. Sigue las instrucciones para hacer cada una de las siguientes figuras. Dibuja o traza para mostrar las partes que usaste para hacer la figura.

   a. Usa 2 piezas del tangram para hacer 1 triángulo.

   b. Usa 1 cuadrado y 1 triángulo para hacer 1 trapezoide.

   c. Usa una pieza más para cambiar el trapezoide en un rectángulo.

4. Haz un animal con todas tus piezas. Dibuja o traza para mostrar las piezas que usaste. Nombra tu dibujo con el nombre del animal.

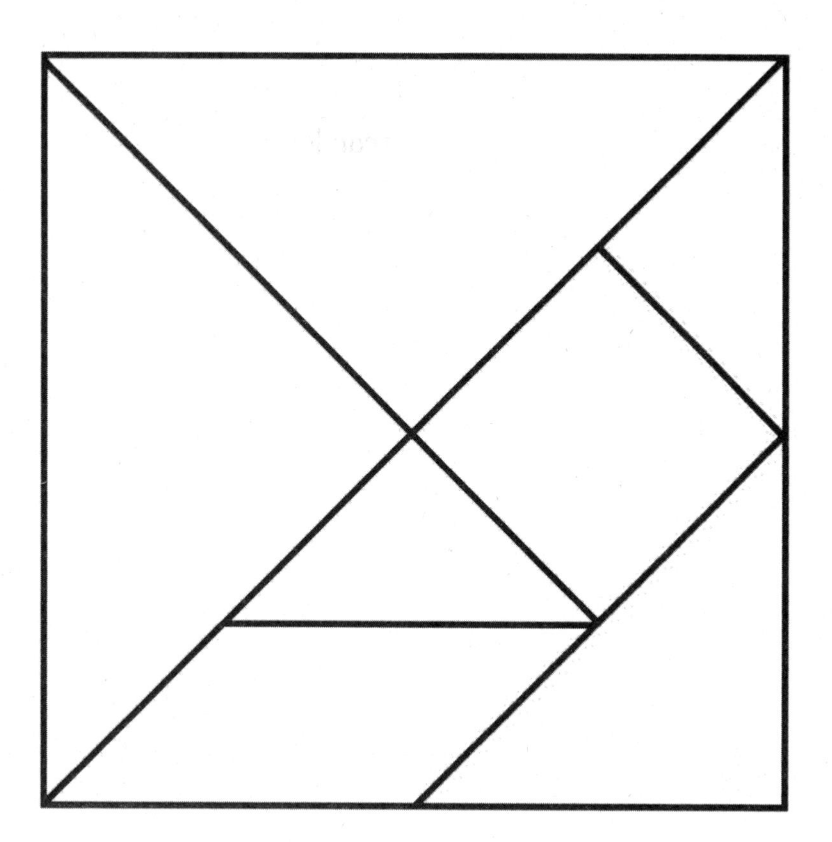

Se debe usar un tangram durante la clase.
El otro tangram se debe enviar a casa con la tarea.

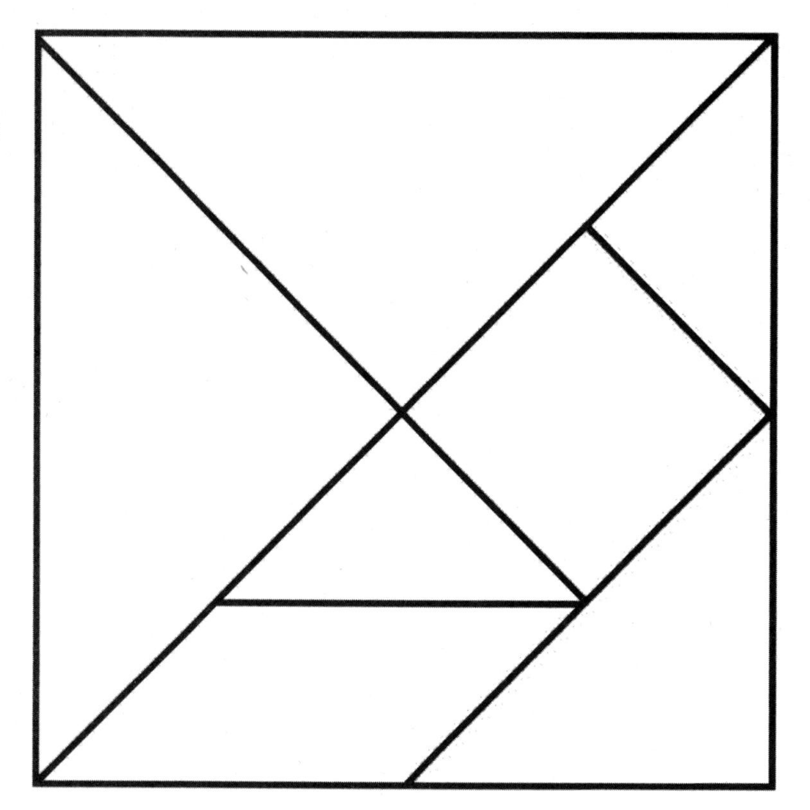

Tangram

Esta página se dejó en blanco intencionalmente

Nombre ______________________________ Fecha ____________

1. Trabaja con un compañero y otra pareja para construir una estructura con sus figuras tridimensionales. Puedes usar tantas piezas como elijas.

2. Completa la tabla para registrar el número de cada figura que usaste para hacer tu estructura.

Cubos	
Esferas	
Prismas rectangulares	
Cilindros	
Conos	

3. ¿Qué figura usaste en la parte inferior de tu estructura? ¿Por qué?

4. ¿Hay una figura que decidiste no usar? ¿Por qué sí o por qué no?

Esta página se dejó en blanco intencionalmente

Nombre _______________________________ Fecha _____________

Usa algunas figuras tridimensionales para hacer otra estructura. La siguiente tabla te da una idea de objetos que podrían encontrar en casa. Puedes usar objetos de la tabla u otros objetos que puedas tener en casa.

Cubo	Prisma rectangular	Cilindro	Esfera	Cono
Bloque	Caja de comida: Cereal, macarrones y queso, espagueti, mezcla para pastel, caja de jugos	Lata de comida: Sopa, vegetales, atún, mantequilla de maní	Bolas: Pelota de tenis, pelota de goma, balón para baloncesto, pelota de soccer	Cono de helado
Dados	Caja de toallitas	Papel higiénico o rollo de papel higiénico	Fruta: Naranja, toronja, melón, ciruela, nectarina	Sombrero de fiesta
	Libro de tapa dura	Barra de pegamento	Canicas	Embudo
	DVD o caja de videojuego			

Pide a alguien en casa que tome una foto de tu estructura. Si no puedes tomar una foto, trata de hacer un esbozo de tu estructura o escribe las instrucciones sobre cómo construir tu estructura en la parte posterior de la hoja.

Esta página se dejó en blanco intencionalmente

Nombre ______________________________ Fecha ______________

1. ¿Están divididas las figuras en partes iguales? Escribe **S** para sí o **N** para no. Si la figura tiene partes iguales, escribe cuántas partes iguales hay en la línea. El primer ejercicio ya está resuelto.

a. S ___ 2 ___	b. ___ ___	c. ___ ___
d. ___ ___	e. ___ ___	f. ___ ___
g. ___ ___	h. ___ ___	i. ___ ___
j. ___ ___	k. ___ ___	l. ___ ___
m. ___ ___	n. ___ ___	o. ___ ___

2. Escribe el número de partes iguales en cada figura.

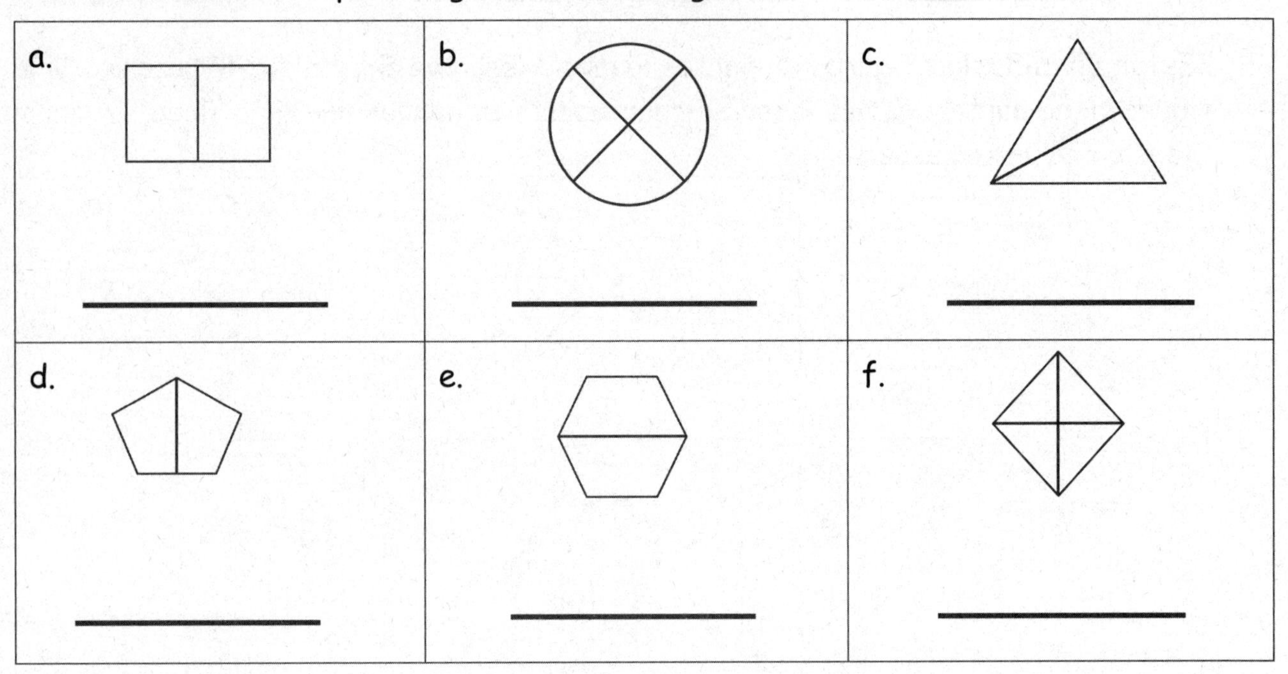

3. Dibuja una línea para convertir este triángulo en 2 triángulos iguales.

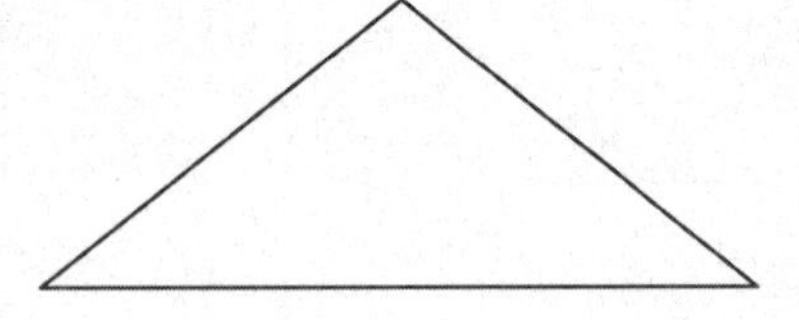

4. Dibuja una línea para convertir este cuadrado en 2 partes iguales.

5. Dibuja dos líneas para convertir este cuadrado en 4 cuadrados iguales.

Nombre ______________________________ Fecha ______________

1. ¿Están divididas las figuras en partes iguales? Escribe **S** para sí o **N** para no. Si la figura tiene partes iguales, escribe cuántas partes iguales hay en la línea. El primer ejercicio ya está resuelto.

a. S ___ 2 ___	b. ___ ___	c. ___ ___
d. ___ ___	e. ___ ___	f. ___ ___
g. ___ ___	h. ___ ___	i. ___ ___
j. ___ ___	k. ___ ___	l. ___ ___
m. ___ ___	n. ___ ___	o. ___ ___

2. Dibuja 1 línea para hacer 2 partes iguales. ¿Qué figuras más pequeñas hiciste?

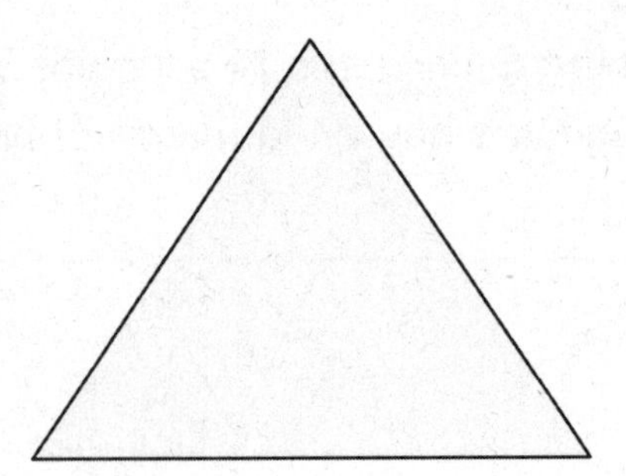

Yo hice 2 ____________________.

3. Dibuja 2 líneas para hacer 4 partes iguales. ¿Qué figuras más pequeñas hiciste?

Yo hice 4 ____________________.

4. Dibuja líneas para hacer 6 partes iguales. ¿Qué figuras más pequeñas hiciste?

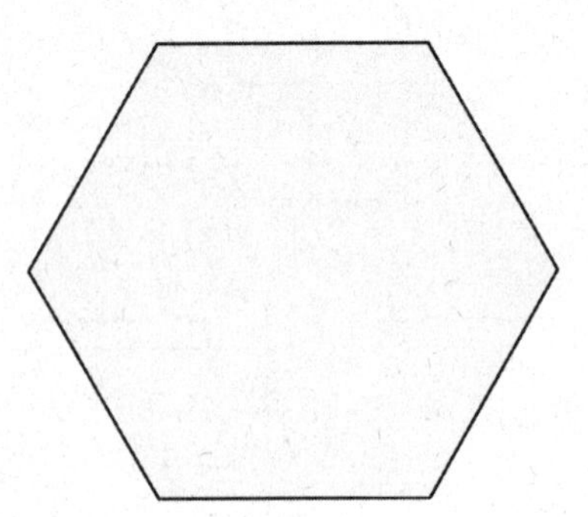

Yo hice 6 ____________________.

Nombre ______________________ Fecha ____________

1. ¿Están divididas las figuras en mitades? Escribe sí o no.

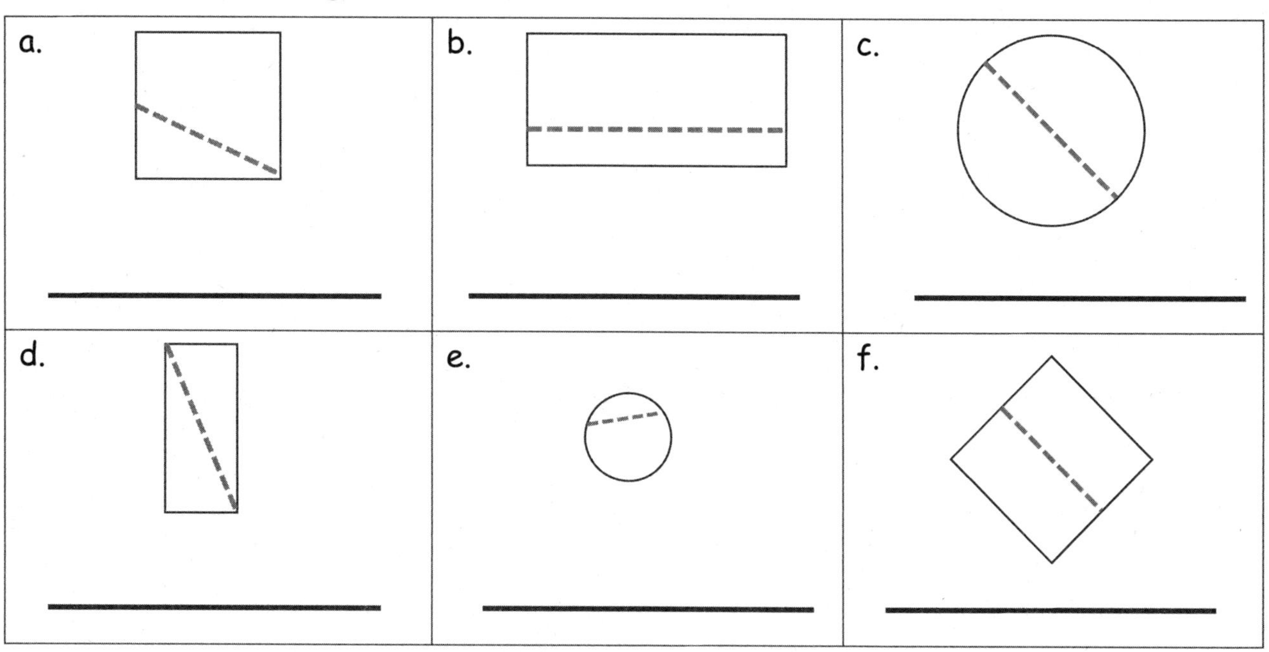

2. ¿Están divididas las figuras en cuartas partes? Escribe sí o no.

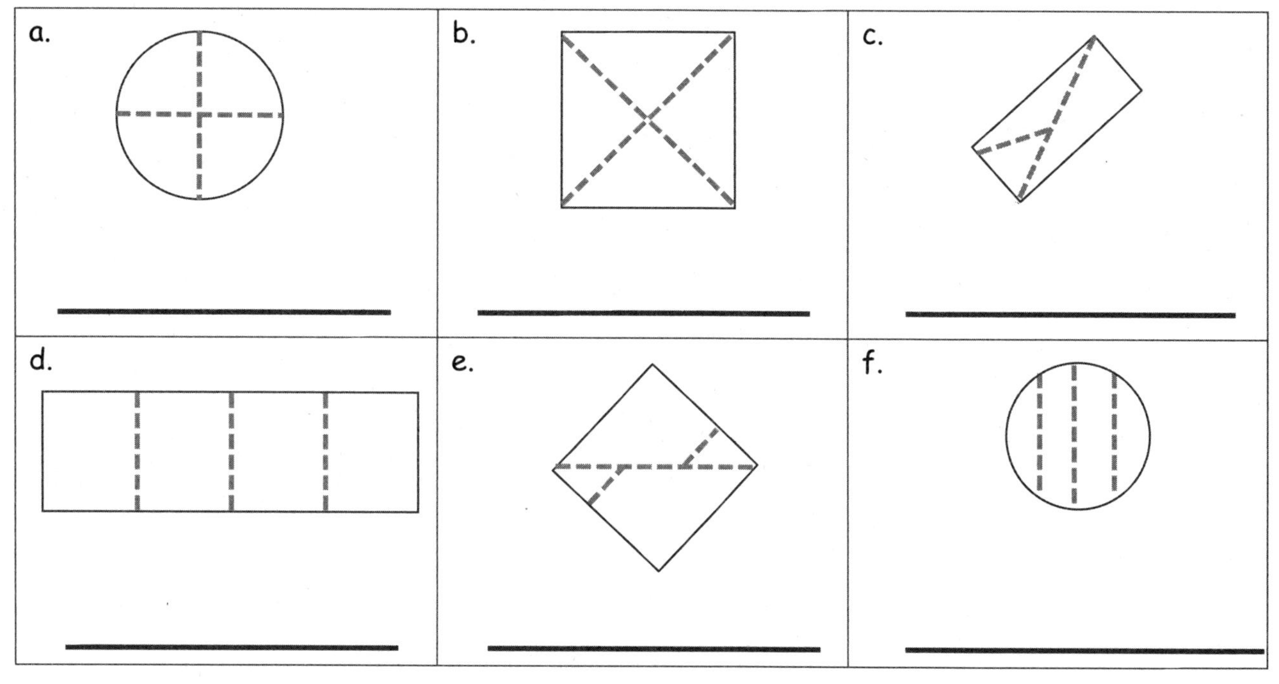

3. Colorea la mitad de cada figura.

a.

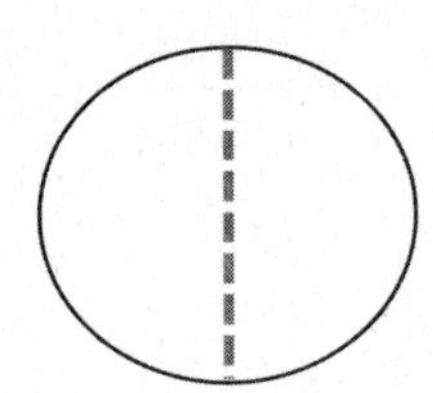

b.

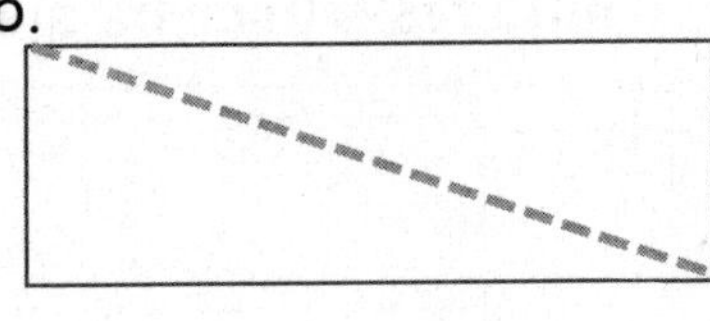

c.

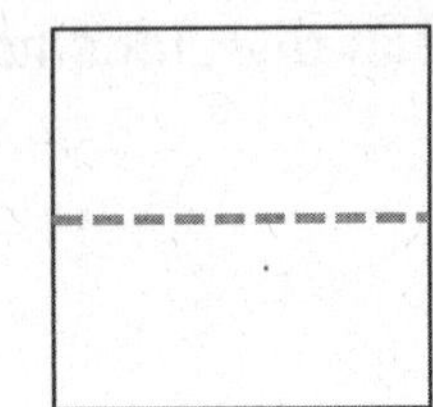

d.

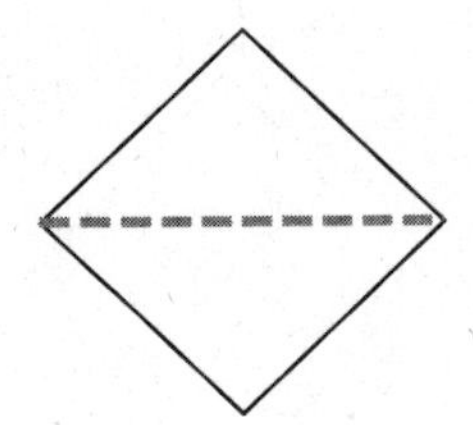

e.

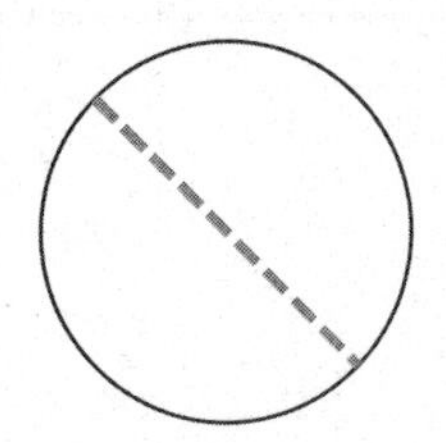

f.

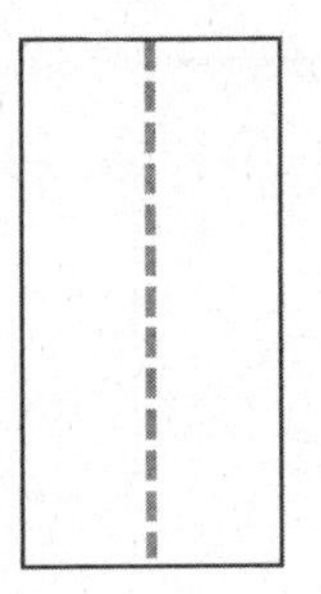

4. Colorea 1 cuarto de cada figura.

a.

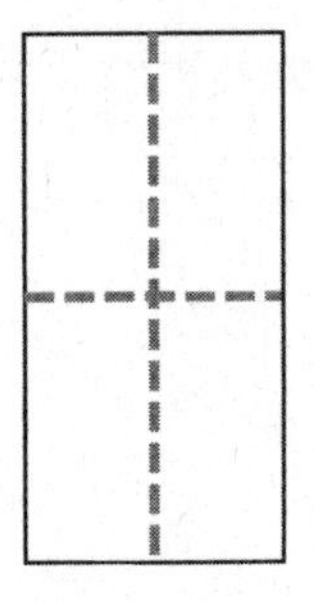

b.

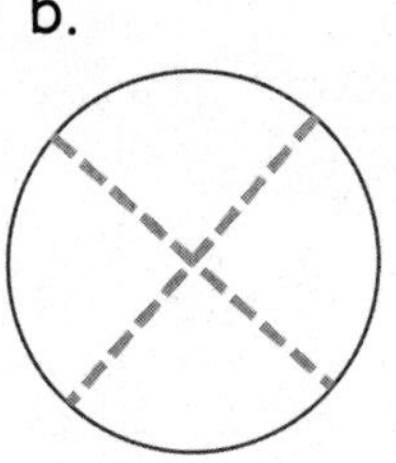

c.

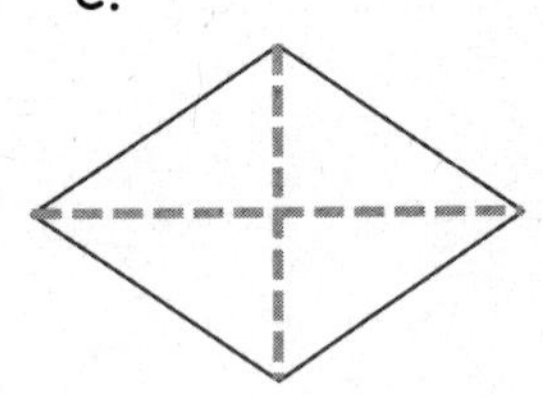

d.

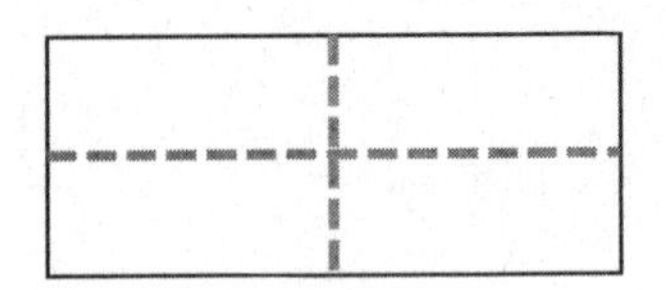

e.

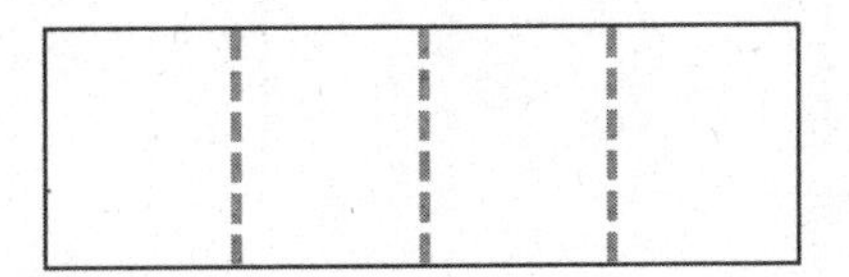

Nombre ______________________________ Fecha ______________

1. Encierra en un círculo la(s) palabra(s) correcta(s) para decir cómo se divide cada figura.

a. 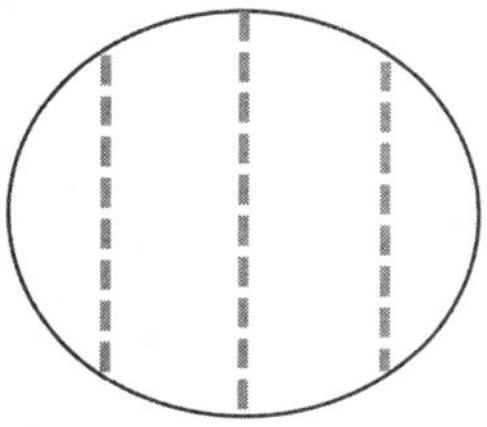 partes iguales / partes desiguales	b. 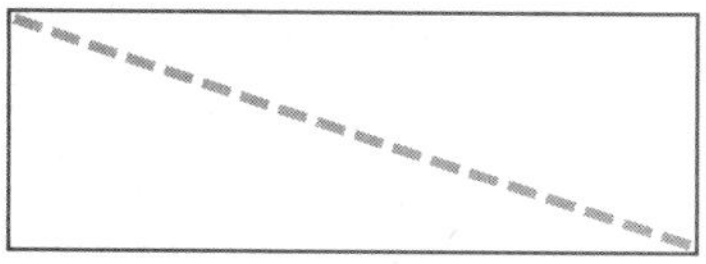 partes iguales / partes desiguales
c. 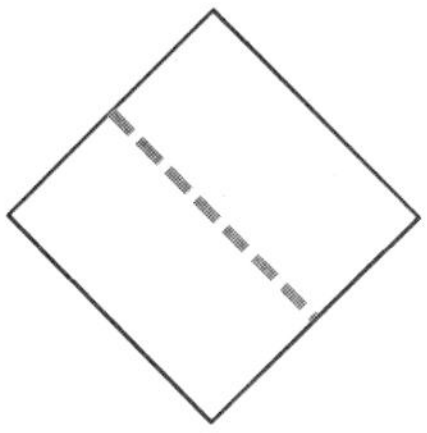 mitades / cuartos	d. 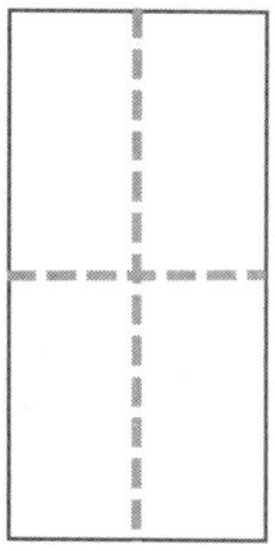 mitades / cuartas partes
e. 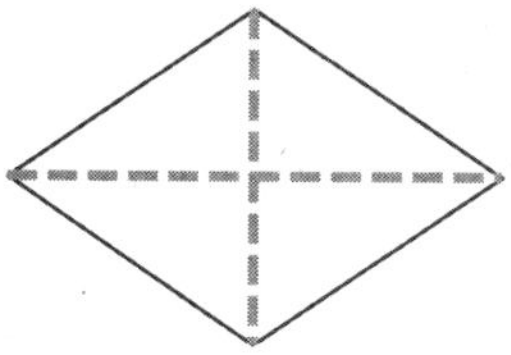 mitades / cuartas partes	f. 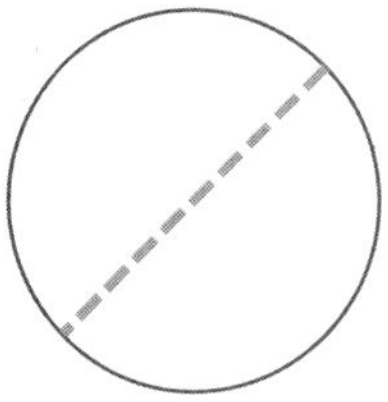 cuartos / mitades
g.  cuartas partes / mitades	h. 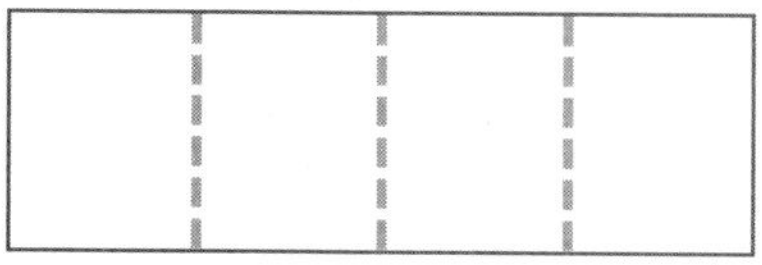 mitades / cuartos

2. ¿Qué parte de la figura está sombreada? Encierra en un círculo la respuesta correcta.

a.

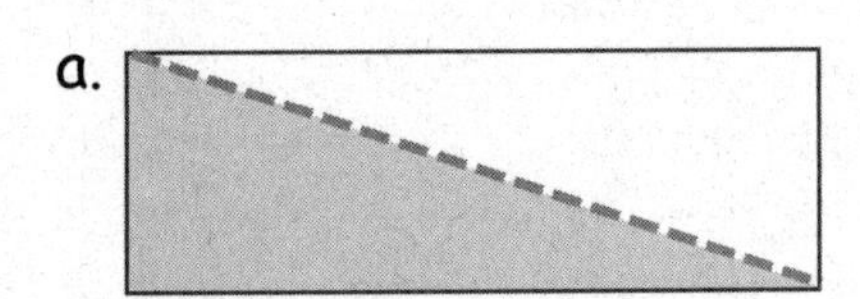

1 mitad 1 cuarto

b.

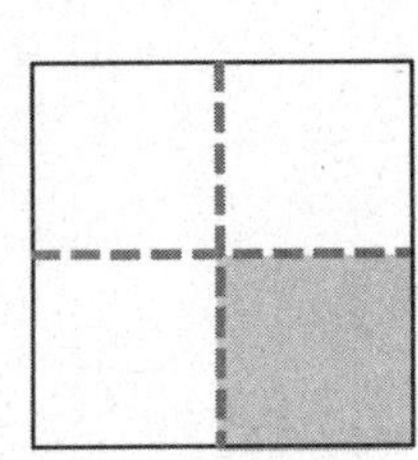

1 mitad 1 cuarto

c.

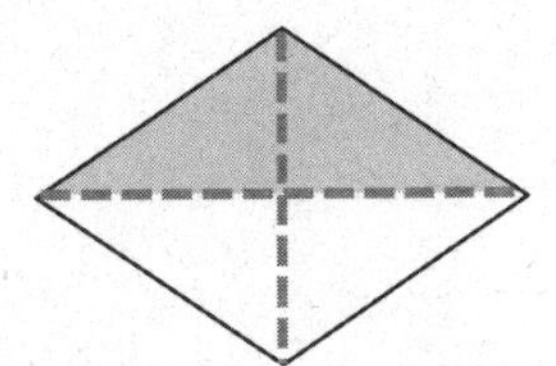

1 mitad 1 cuarto

d.

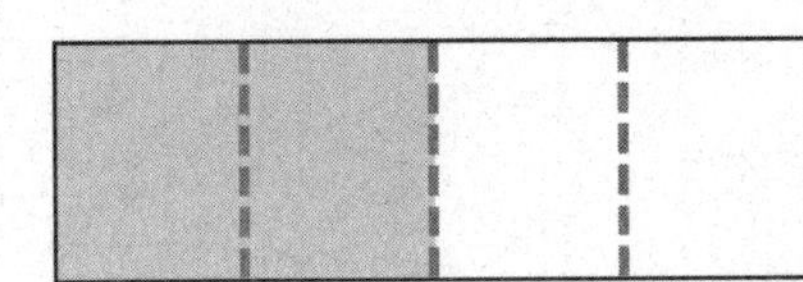

1 mitad 1 cuarto

3. Colorea 1 un cuarto de cada figura.

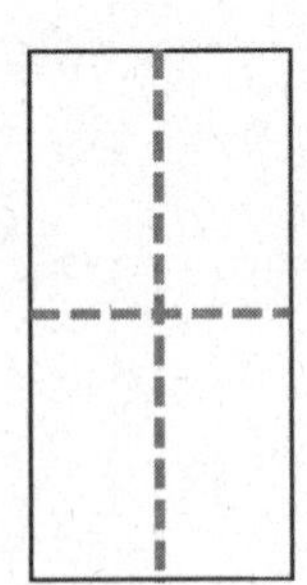

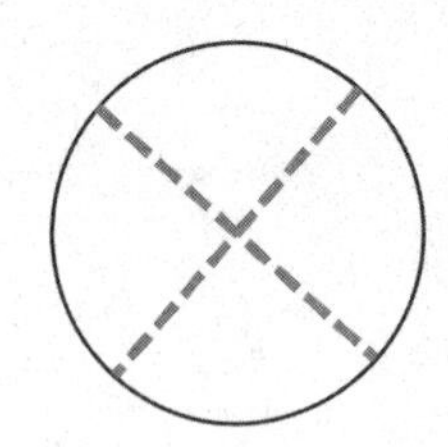

4. Colorea 1 mitad de cada figura.

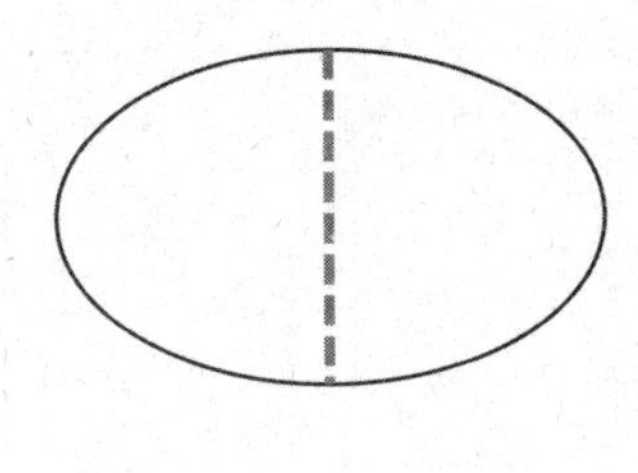

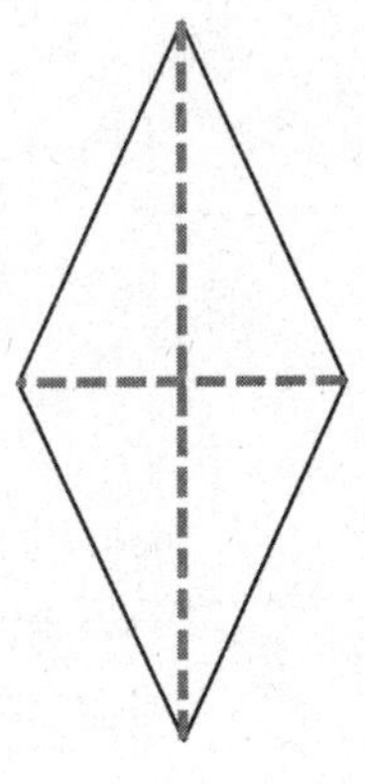

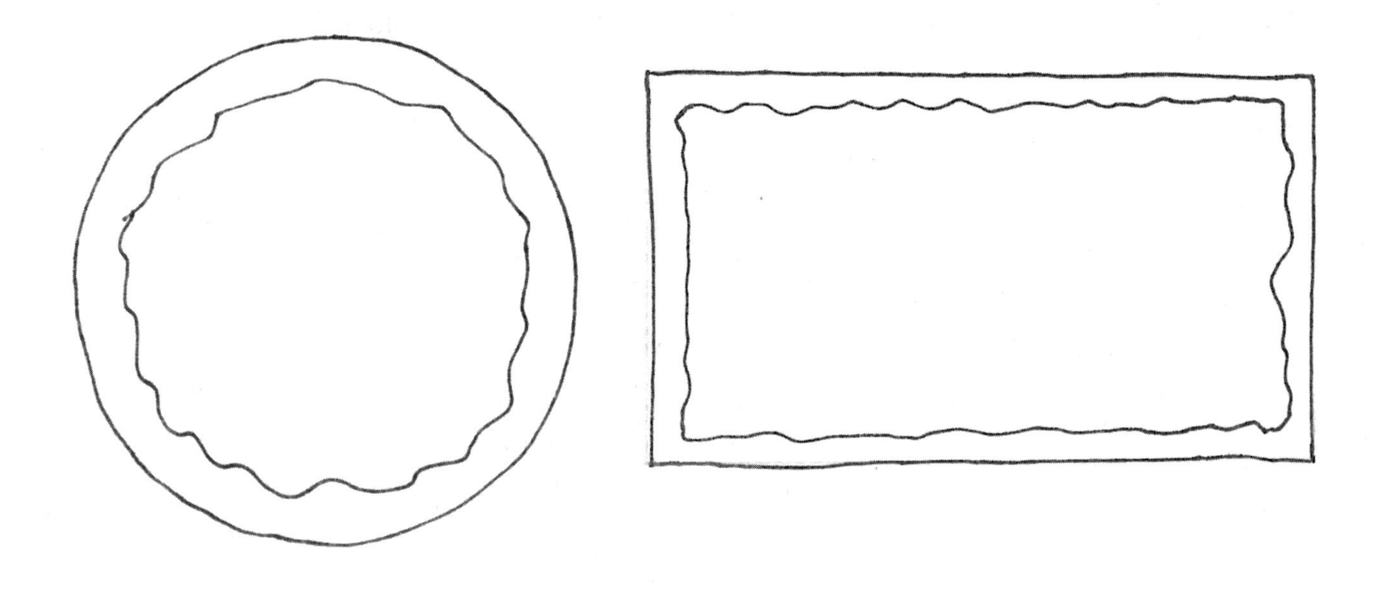

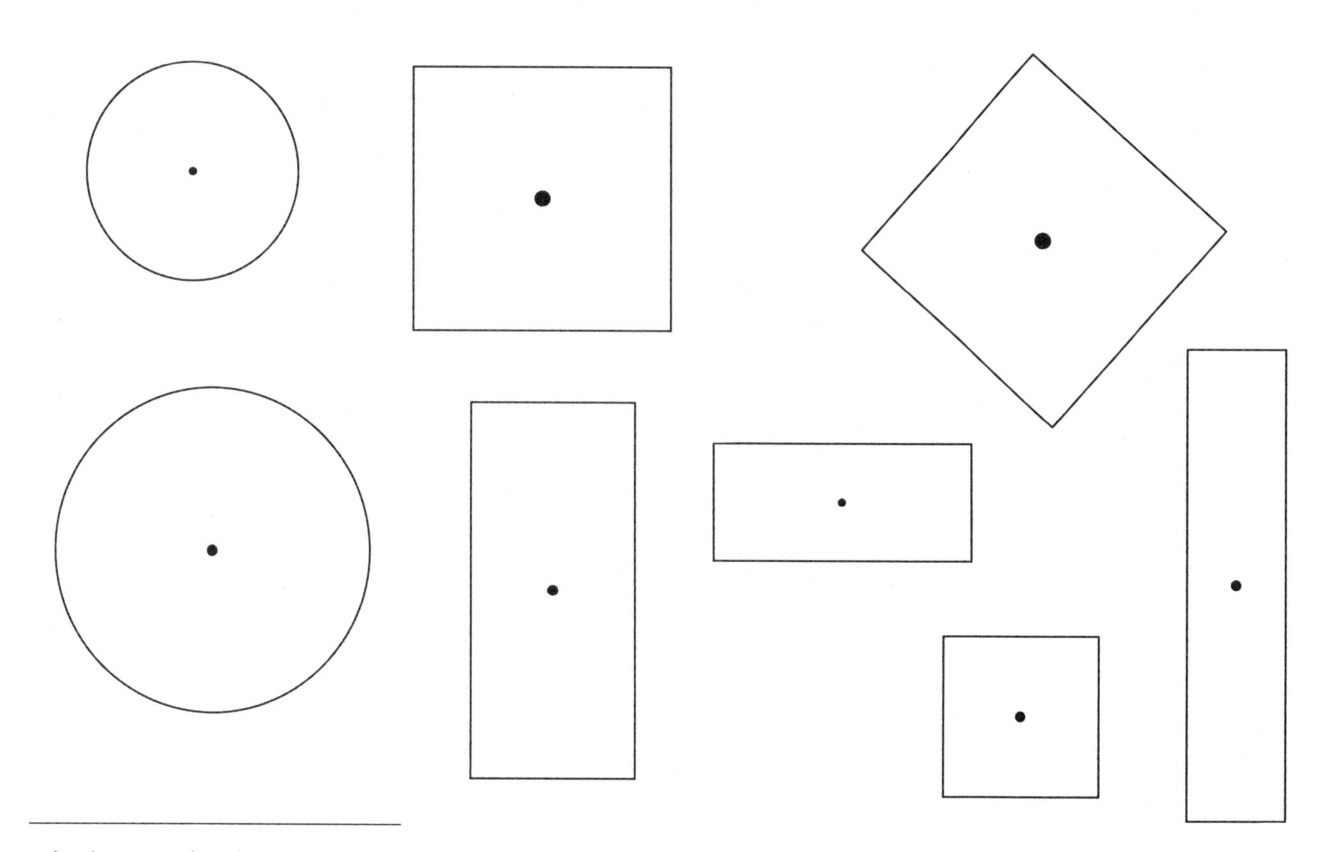

círculos y rectángulos

Esta página se dejó en blanco intencionalmente

Nombre ______________________________ Fecha ______________

Nombra la parte sombreada de cada imagen como una mitad de la figura o una cuarta parte de la figura.

1.

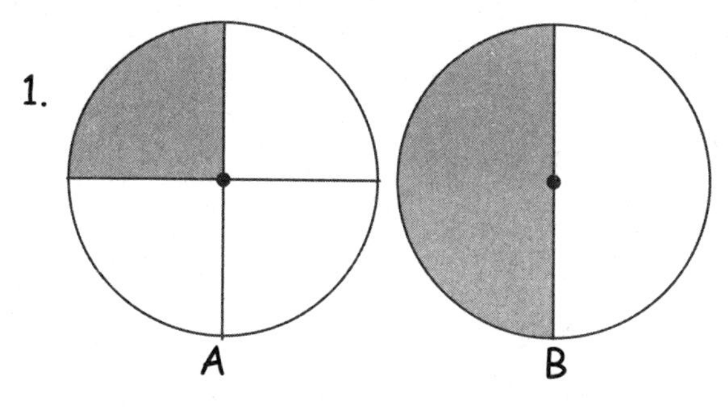

¿Cuál figura ha sido cortada en más partes iguales? ____

¿Cuál figura tiene partes iguales más grandes? ___

¿Cuál figura tiene partes iguales más pequeñas? ___

2.

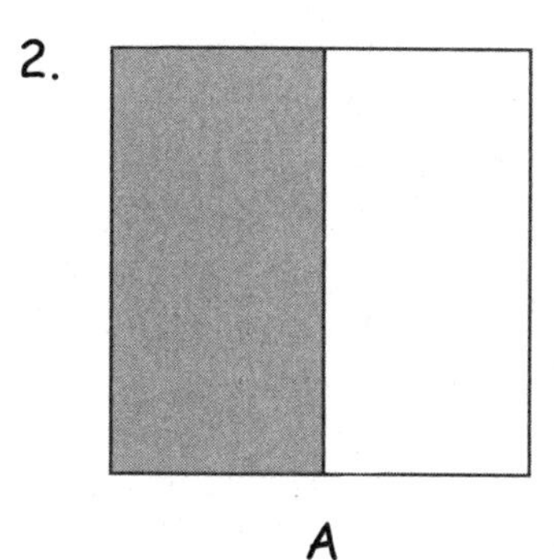

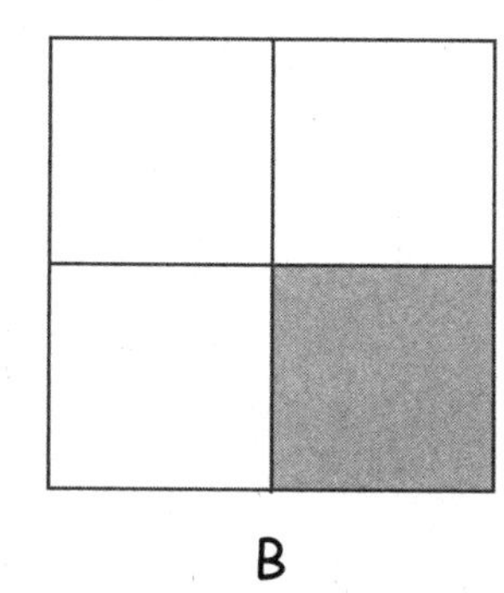

¿Cuál figura ha sido cortada en más partes iguales? ____

¿Cuál figura tiene partes iguales más grandes? ____

¿Cuál figura tiene partes iguales más pequeñas? ____

3. Encierra en un círculo la figura que tiene la parte sombreada más grande. Encierra en un círculo la frase que hace que el enunciado sea verdadero.

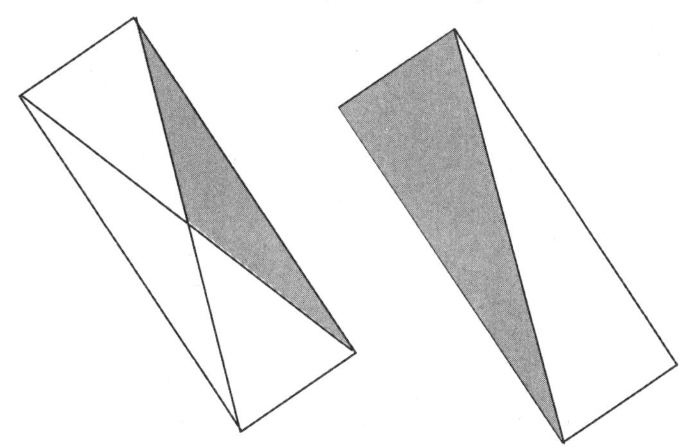

La parte sombreada más grande es

(una mitad de / una cuarta parte de)

la figura entera.

Colorea la parte de la figura para que coincida con su nombre.

Encierra en una un círculo la frase que haría que la afirmación sea verdadera.

4.

Una mitad del círculo

es más grande que

es menor que

tiene el mismo tamaño

un cuarto del círculo.

5.

Un cuarto del rectángulo

es más grande que

es menor que

tiene el mismo tamaño

una mitad del rectángulo.

6.

Un cuarto del cuadrado

es más grande que

es menor que

tiene el mismo tamaño

una cuarta parte del

Nombre ______________________________ Fecha ______________

1. Nombra la parte sombreada de cada imagen como una mitad de la figura o una cuarta parte de la figura.

A 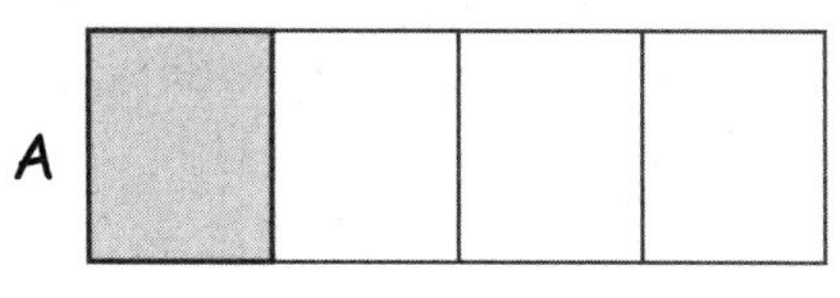

B 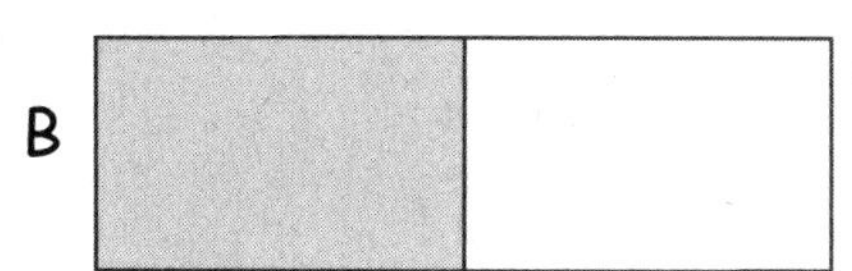

¿Cuál imagen ha sido cortada en más partes iguales? ____

¿Cuál imagen tiene partes iguales más grandes? ____

¿Cuál imagen tiene partes iguales más pequeñas? ____

2. Escribe si la parte sombreada de cada figura es una mitad o una cuarta parte.

a.

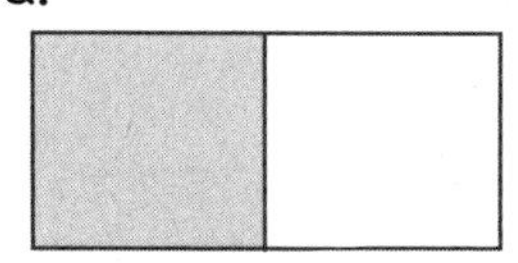

____________ ____________

b.

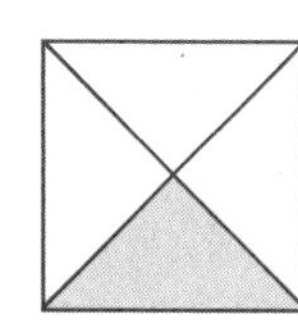

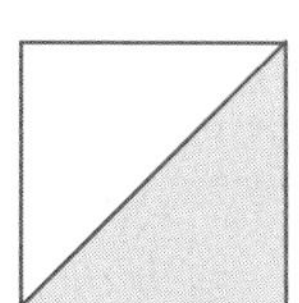

____________ ____________

c.

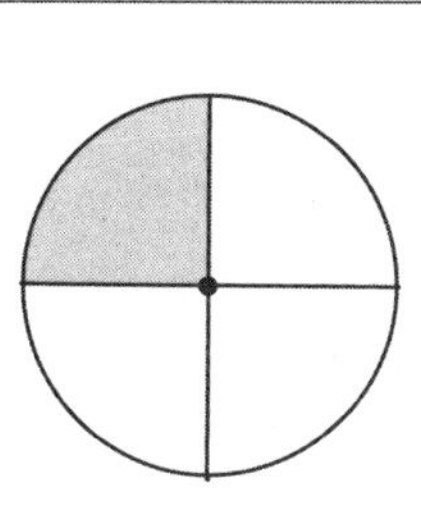

____________ ____________

d.

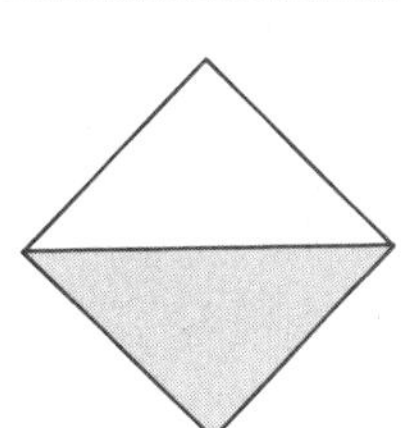

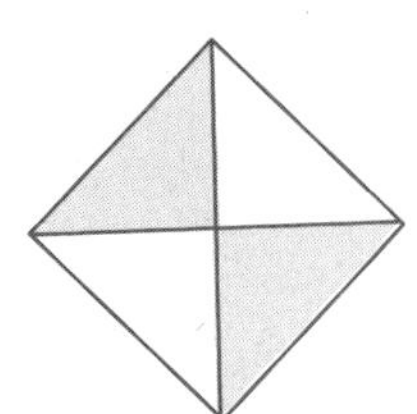

____________ ____________

3. Colorea parte de la figura para que coincida con su nombre. Encierra en un círculo la frase que haría que la afirmación sea verdadera.

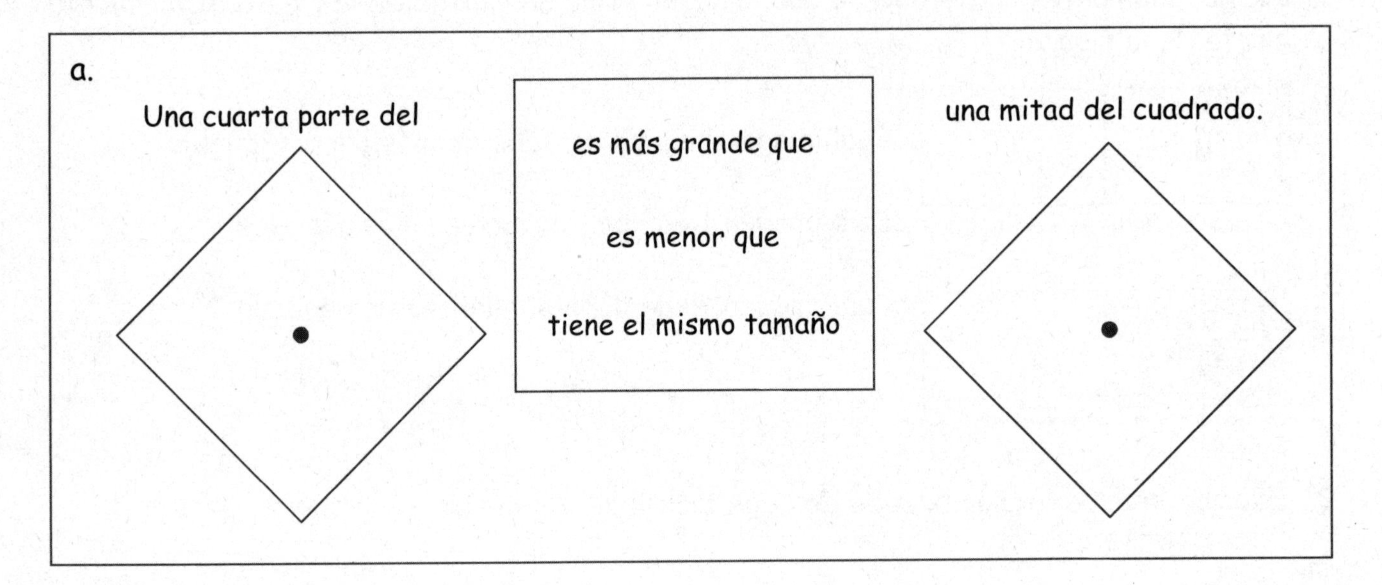

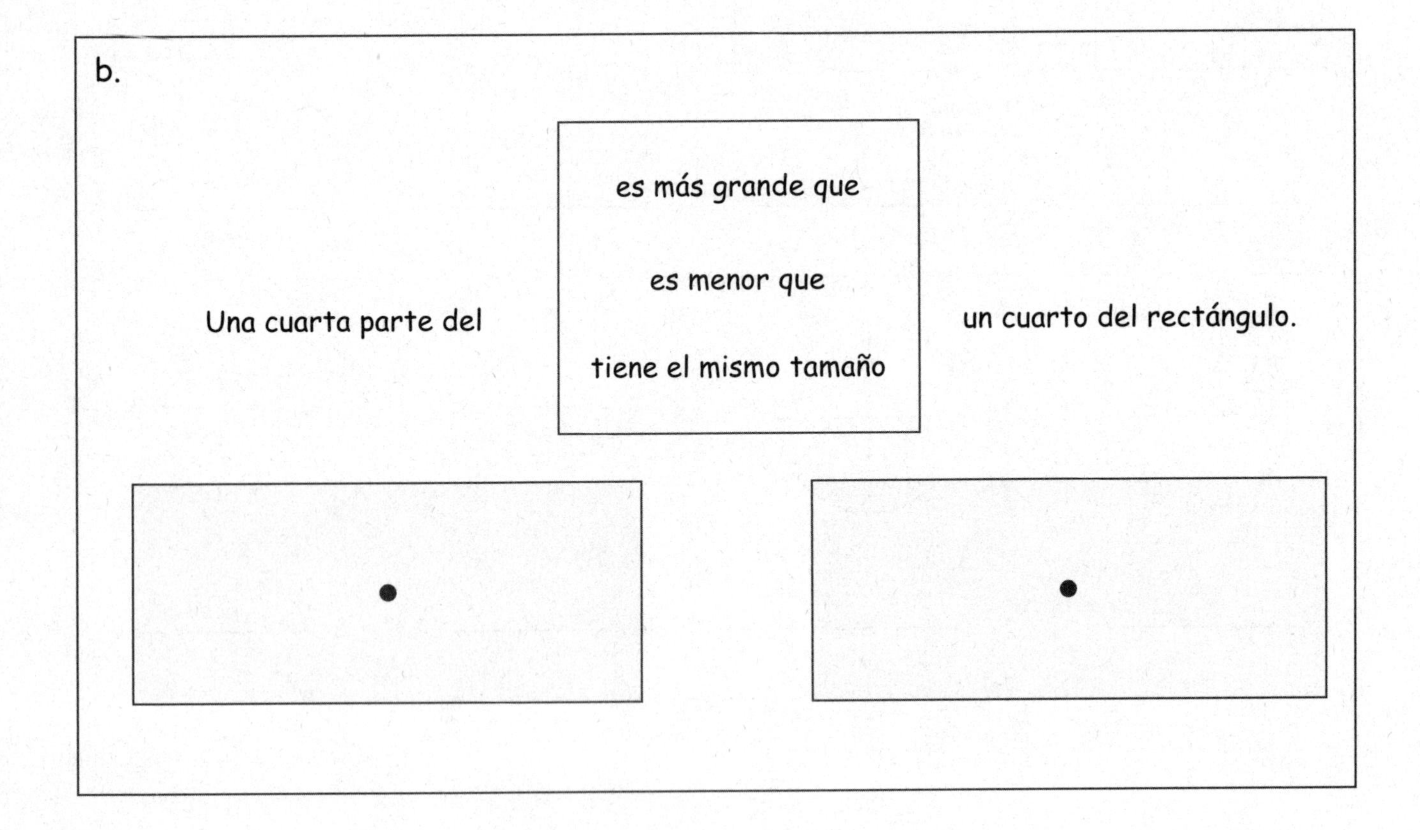

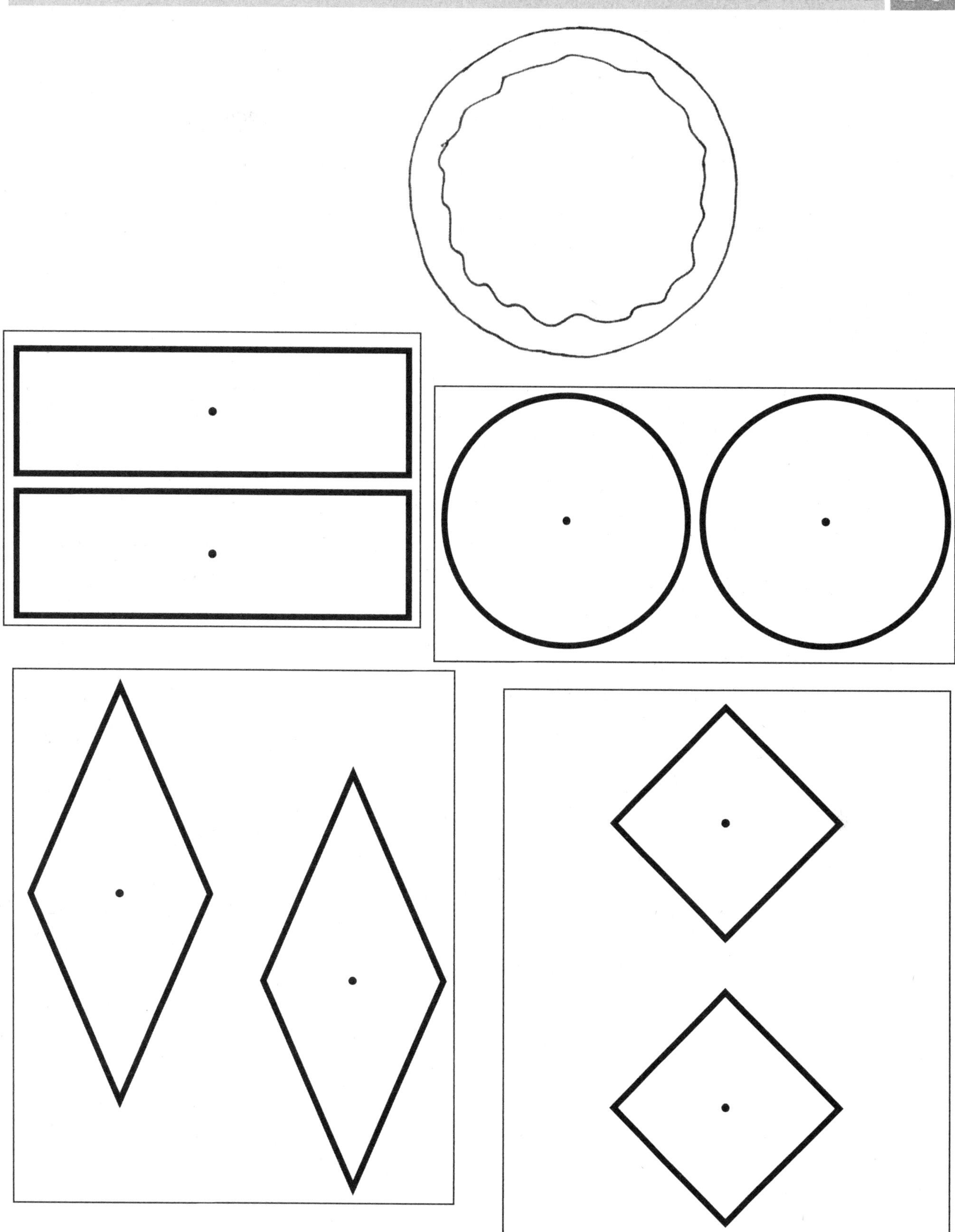

pares de figuras

Esta página se dejó en blanco intencionalmente

Nombre ______________________________ Fecha ____________

1. Relaciona los relojes que muestran la misma hora.

a.

b.

c.

d.

1:00

2. Coloca la manecilla de las horas para que el reloj lea las 3 en punto.

3. Escribe la hora que aparece en cada reloj.

Nombre ______________________________ Fecha ____________

1. Relaciona cada reloj con la hora que muestra.

a. 

4 en punto

b. 

7 en punto

c. 

11 en punto

d. 

10 en punto

e. 

3 en punto

2 en punto

f. 

2. Coloca la manecilla de las horas en la hora para que el reloj coincida con la hora. Luego, escribe la hora sobre la línea.

a. 

6 en punto

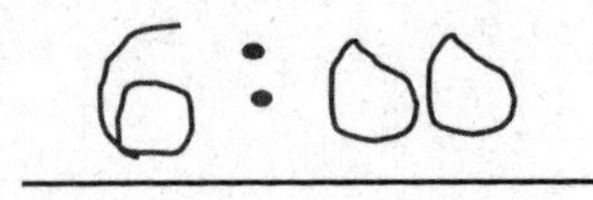

b. 

9 en punto

____

c. 

12 en punto

____

d. 

7 en punto

____

e. 

1 en punto

____

Nombre ____ Fecha ________________

1. Relaciona los relojes con las horas a la derecha.

a. 

b. 

c. 

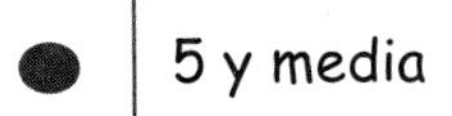
5 y media

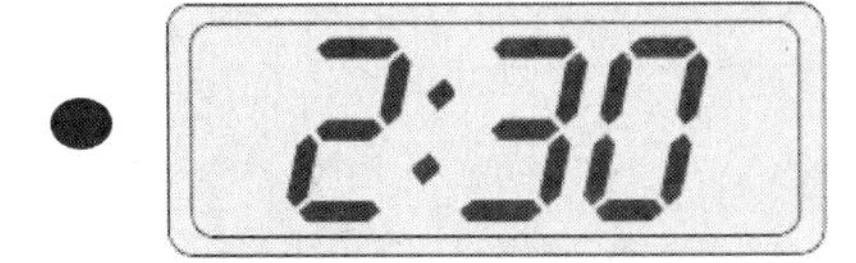

Cinco y treinta

12 y media

Dos y treinta

2. Dibuja una manecilla de los minutos para que el reloj muestre la hora escrita sobre éste.

a. 7 en punto

b. 8 en punto

c.  7:30

d. 1:30

e. 2:30

f. 2 en punto

3. Escribe la hora que aparece en cada reloj. Completa los problemas como los primeros dos ejemplos.

4. Encierra en un círculo el reloj que muestra las 12 y media.

a.

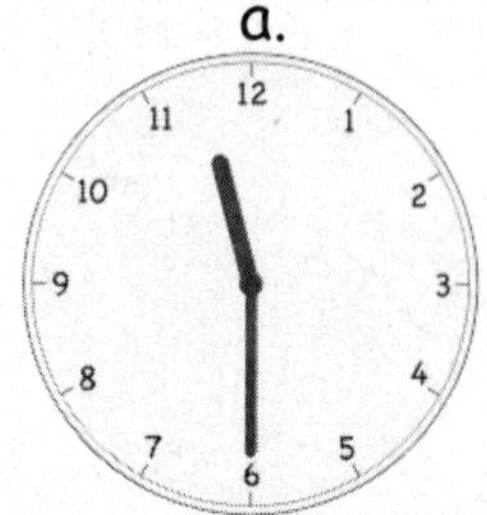

b.

c.

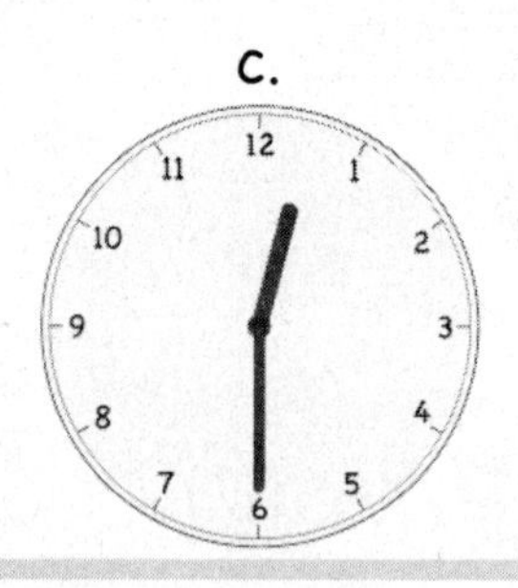

Nombre ______________________________ Fecha ______________

Encierra en un círculo el reloj correcto.

1. 2 y media

a.

b.

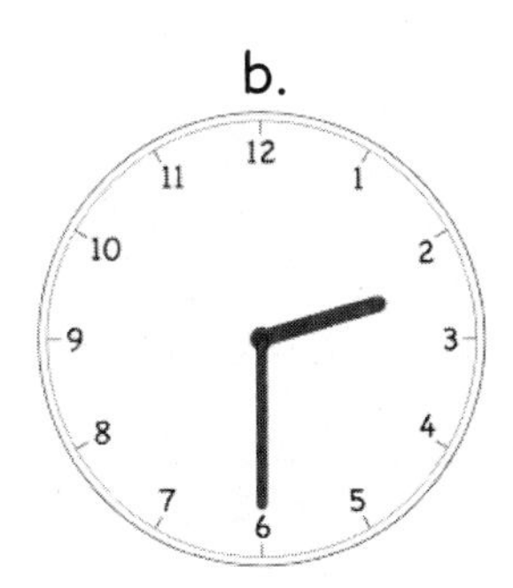

c.

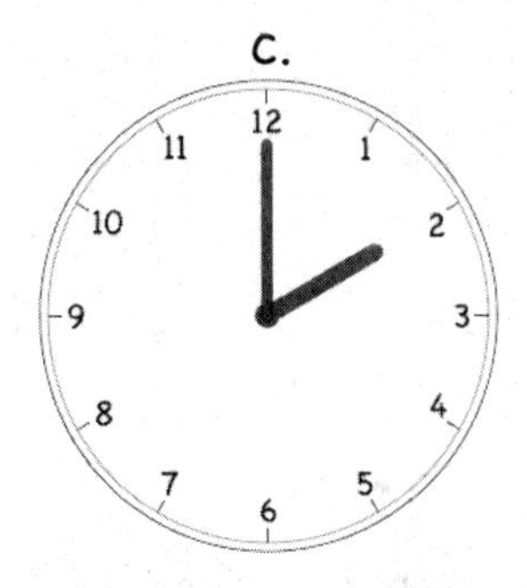

2. 10 y media

a.

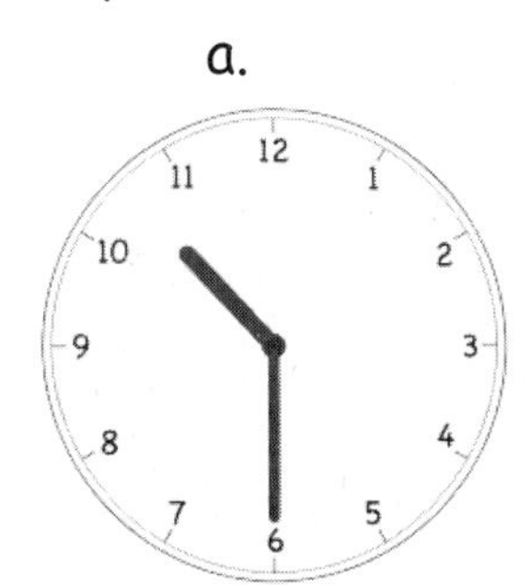

b.

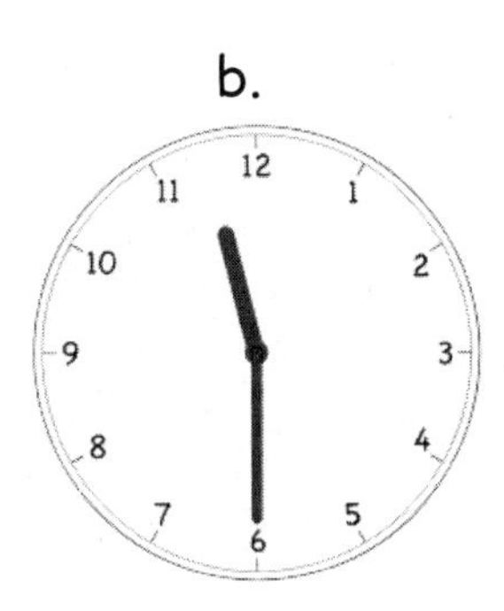

c.

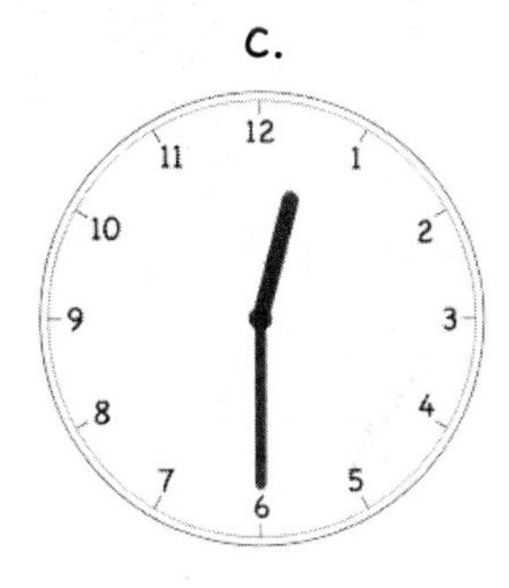

3. 6 en punto

a.

b.

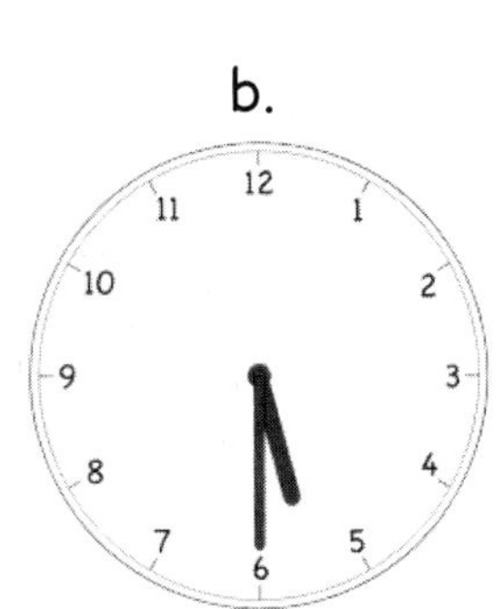

c.

4. 8 y media

a.

b.

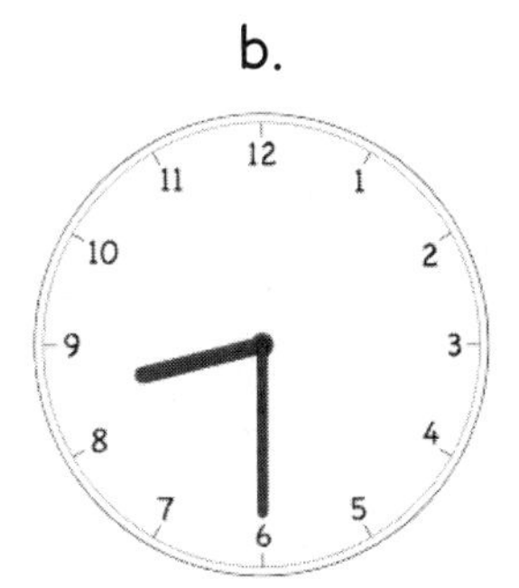

c.

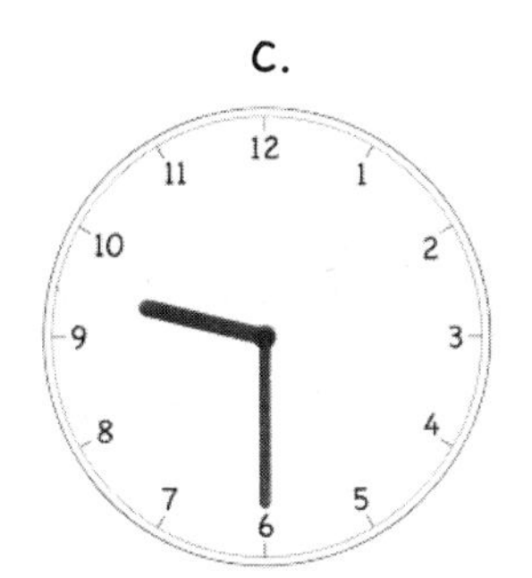

Escribe la hora que aparece en cada reloj para hablar sobre el día de Lee.

5.

Lee se levanta a las ___________.

6.

Él toma el bus escolar en ________.

7.

Él tiene matemáticas en ___________.

8.

Él almuerza en ___________.

9.

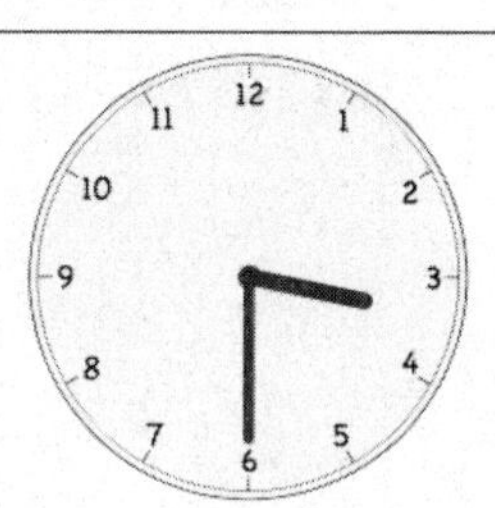

Él tiene práctica de baloncesto en ______.

10.

Él hace su tarea en ___________.

11.

Él cena a las___________.

12.

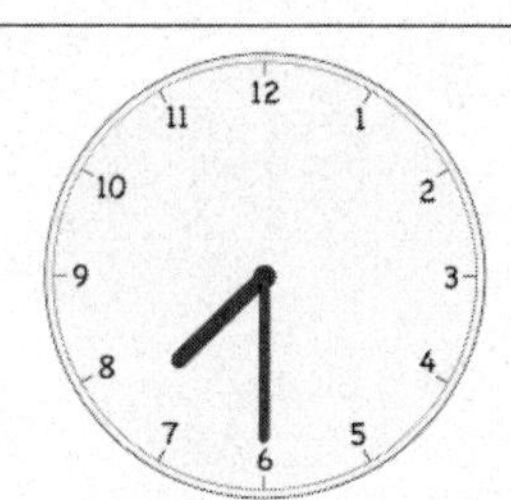

Él se acuesta a las ___________.

Nombre ______________________________ Fecha ______________

Llena los espacios en blanco.

1.

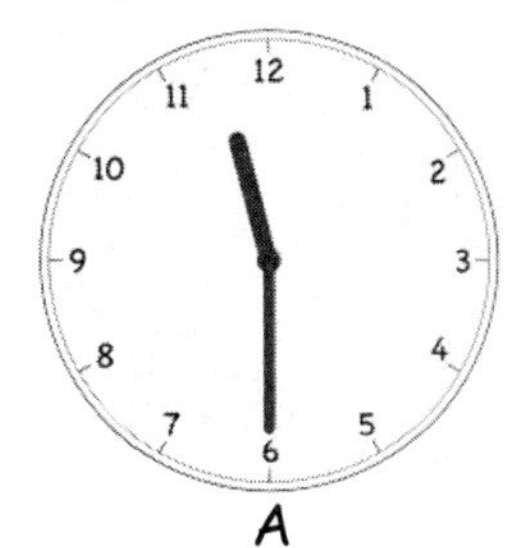

A

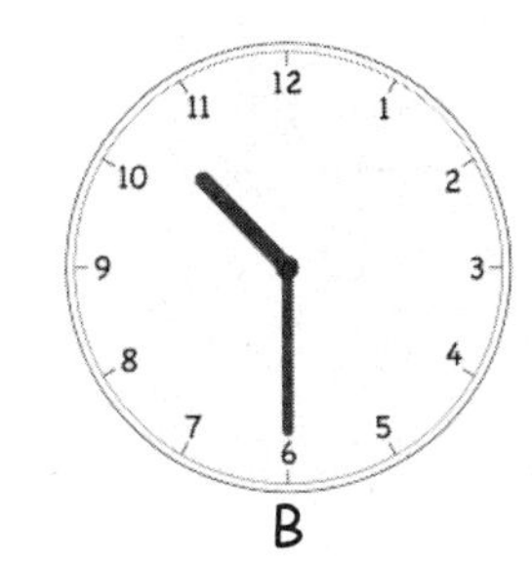

B

El reloj __ muestra las once y media.

2.

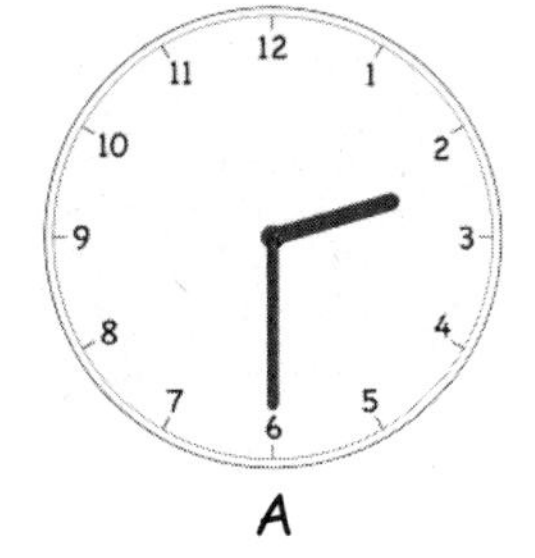

A

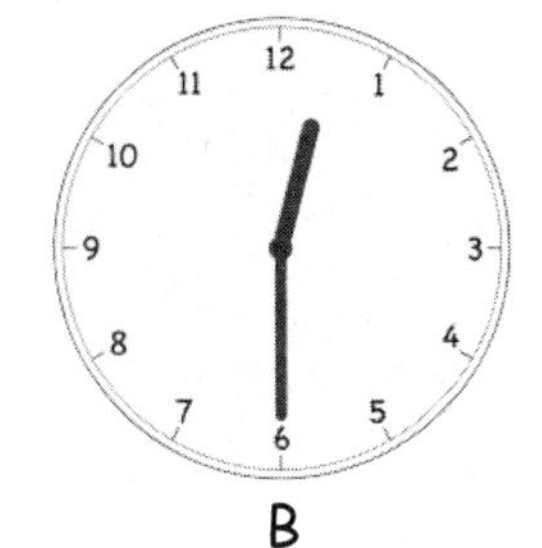

B

El reloj ___ muestra las dos y media.

3.

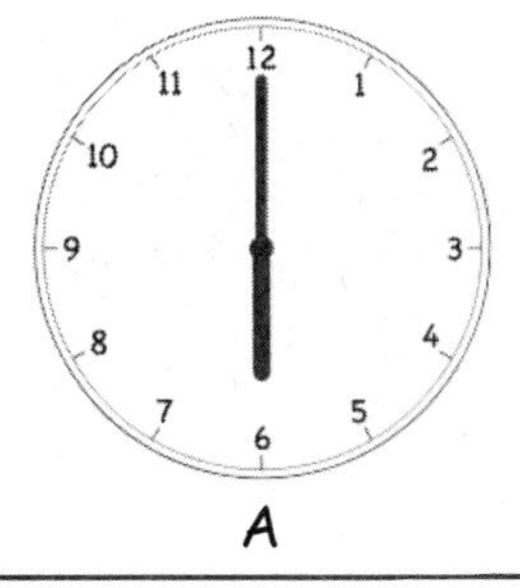

A

B

El reloj ___ muestra las 6 en punto.

4.

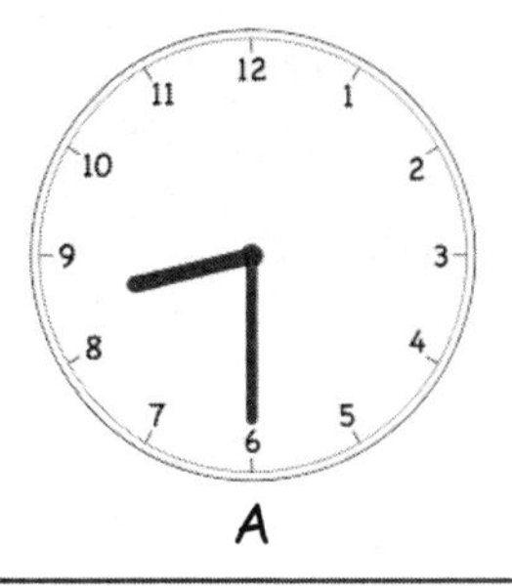

A

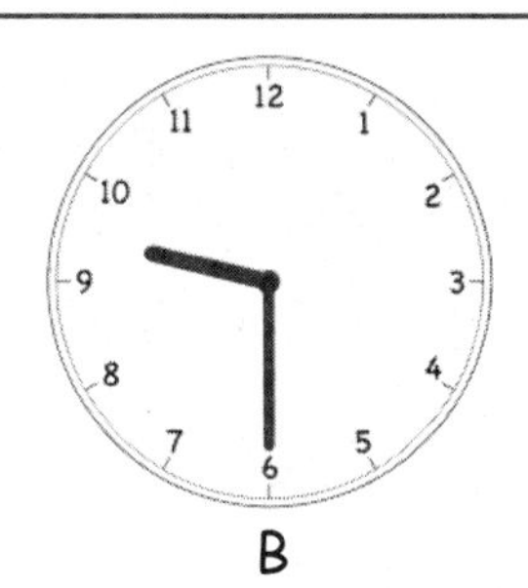

B

El reloj ______ muestra las 9:30.

5.

A

B

El reloj ___muestra la mitad después de las seis.

6. Haz coincidir los relojes.

a. 

media hora después de las 7

7:30

b.

media hora después de la 1

7:00

c.

7 en punto

5:30

d.

media hora después de las 5

1:30

7. Dibuja las manecillas de los minutos y las de las horas en los relojes.

a. 3:30

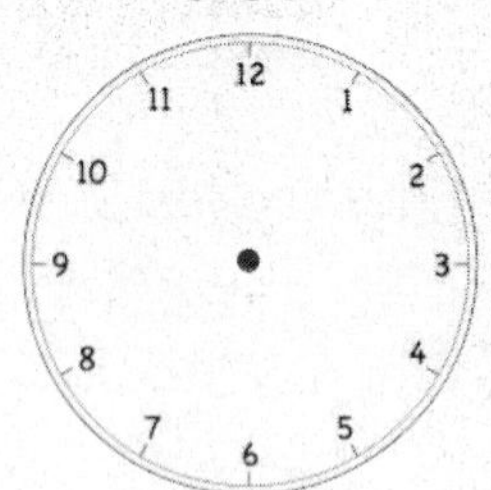

b. 8:30

c. 11:00

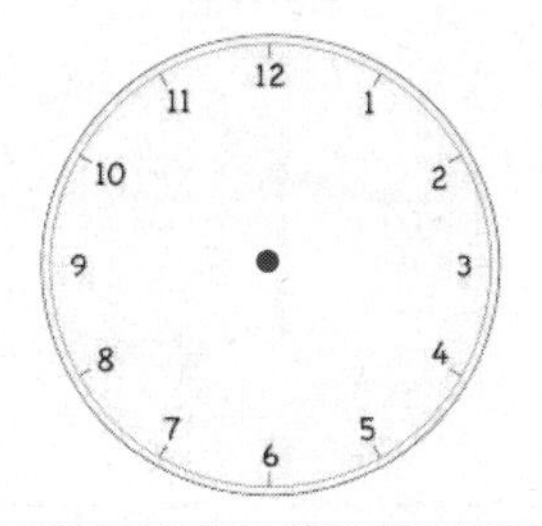

d. 6:00

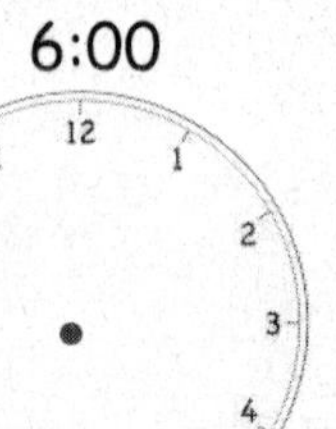

e. 4:30

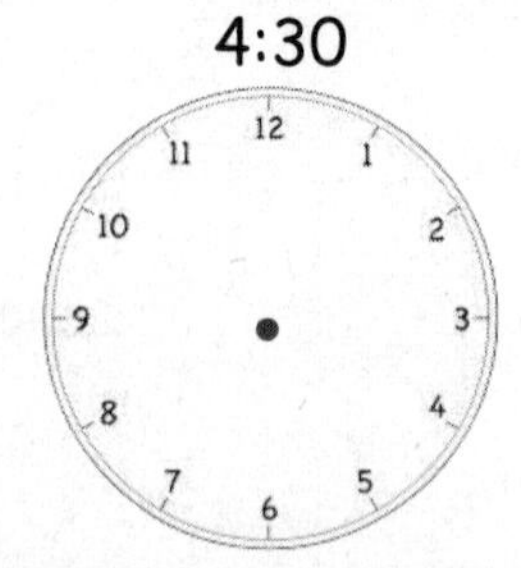

f. 12:30

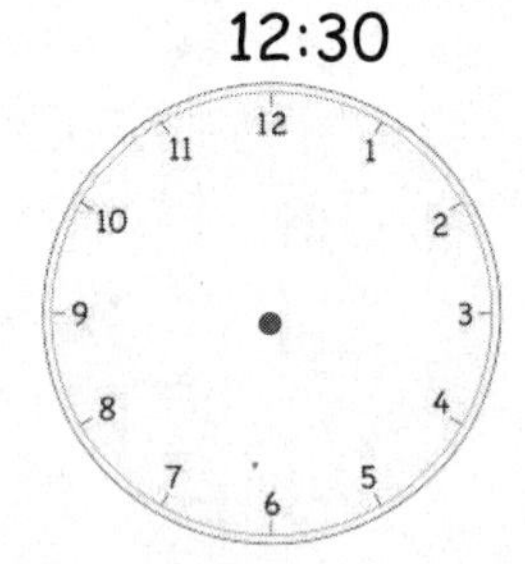

Nombre ______________________ Fecha ____________

Escribe la hora que se muestra en el reloj o dibuja la(s) manecilla(s) que falta(n) en el reloj.

1. 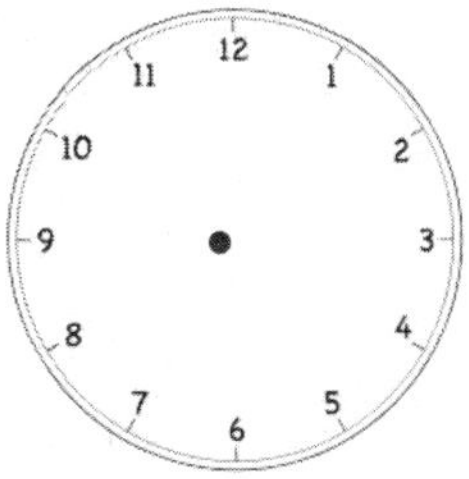 10 en punto	 2. media hora después de las 10
3.  8 en punto	4.  __________
5. 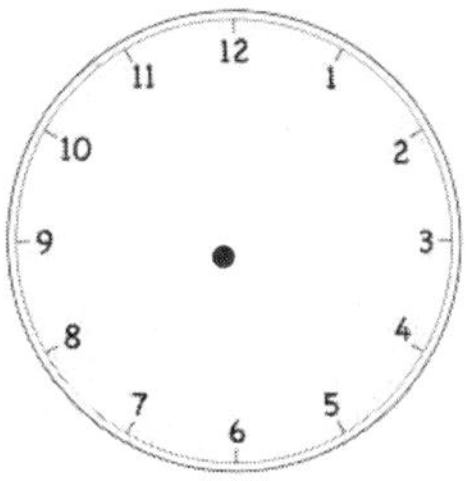 3 en punto	6.  media hora después de las 3
7.  __________	8. 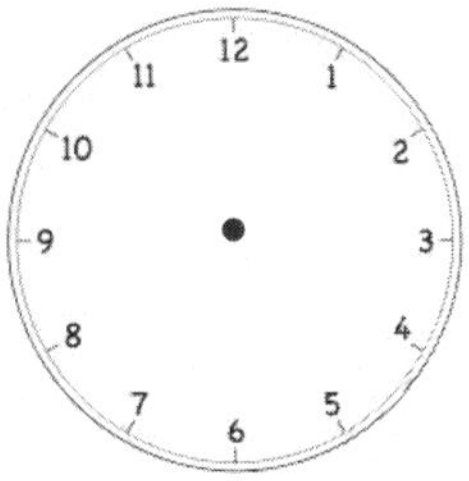 media hora después de las 6
9.  media hora después de las 9	10. 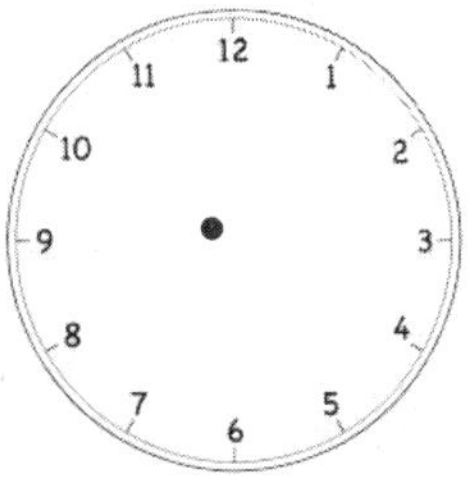 4 en punto

11. Relaciona las imágenes con los relojes.

a.

Práctica de soccer

3:30

b.

Cepillarse los dientes

7:30

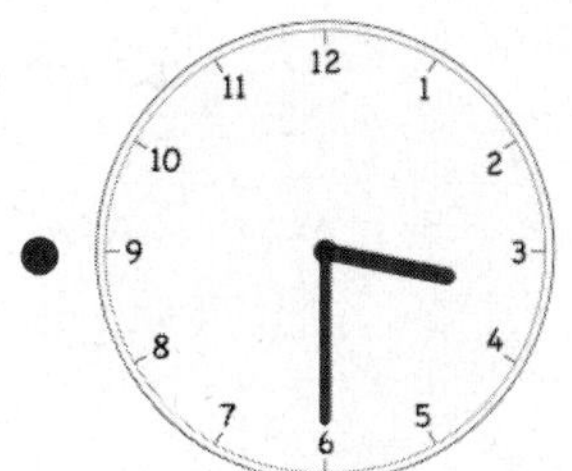

c.

Lavar platos

6:00

d.

Cenar

5:30

e.

Tomar el bus a casa

4:30

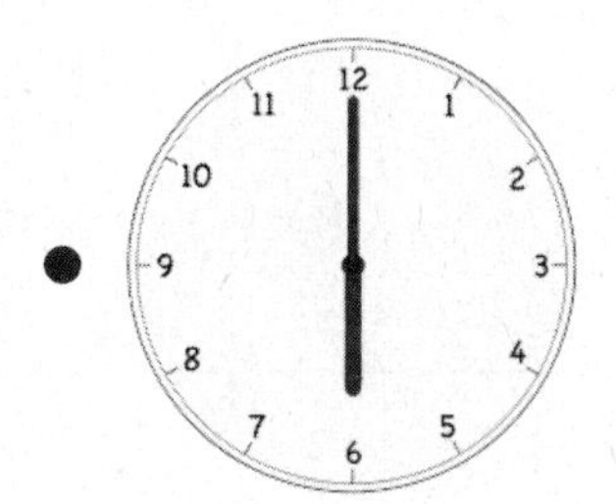

f.

Tarea
media hora después de las 6

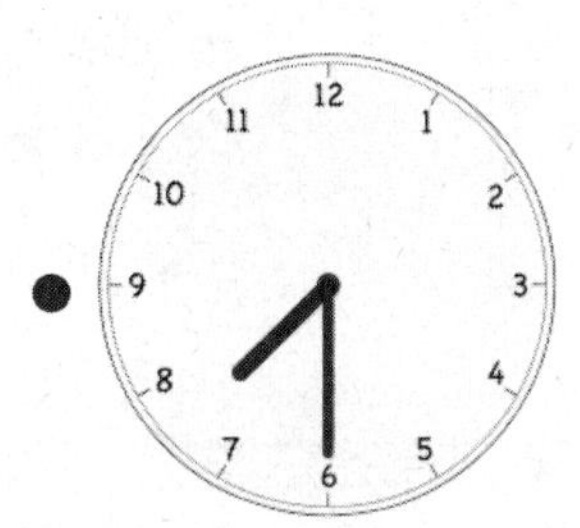

Nombre ________________________________ Fecha ______________

Encierra en un círculo el reloj correcto. Escribe la hora para los otros dos relojes en las líneas.

1. Encierra en un círculo el reloj que muestra la 1 y media.

a. 
b. 
c. 

____

____

2. Encierra en un círculo el reloj que muestra las 7en punto.

a. 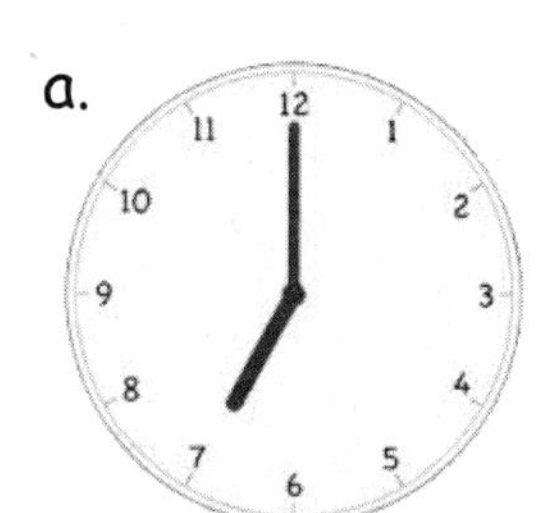
b. 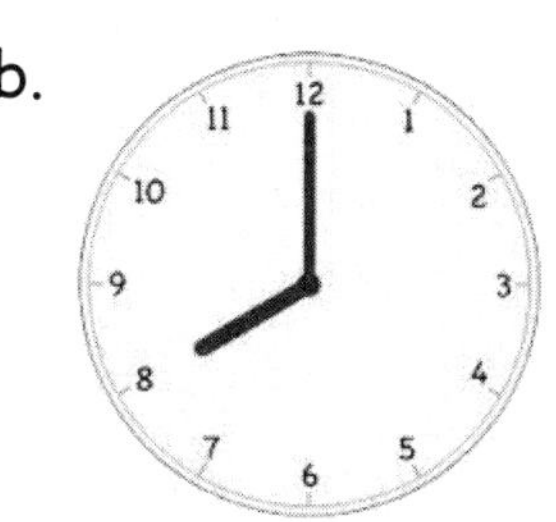
c. 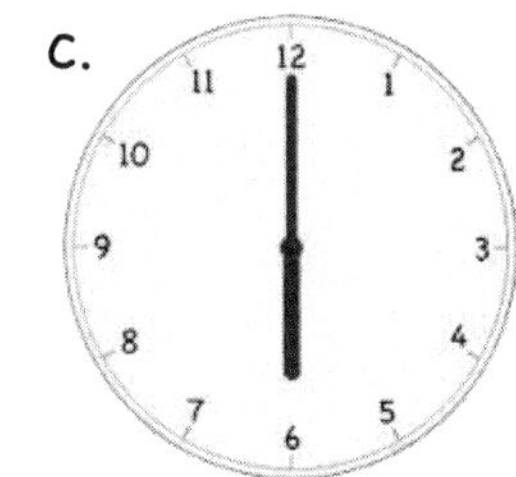

____

____

3. Encierra en un círculo el reloj que muestra las 10 y media.

a. 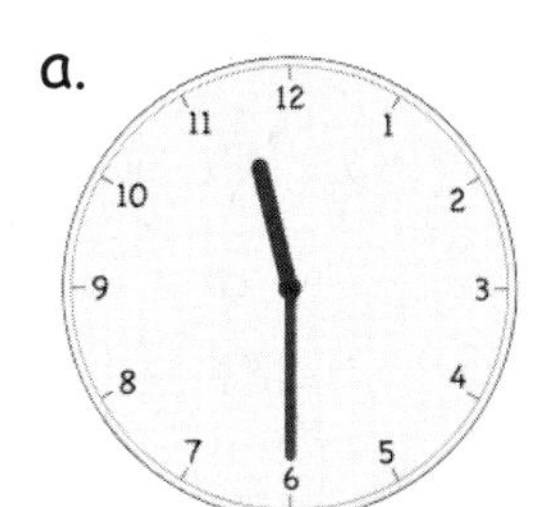
b. 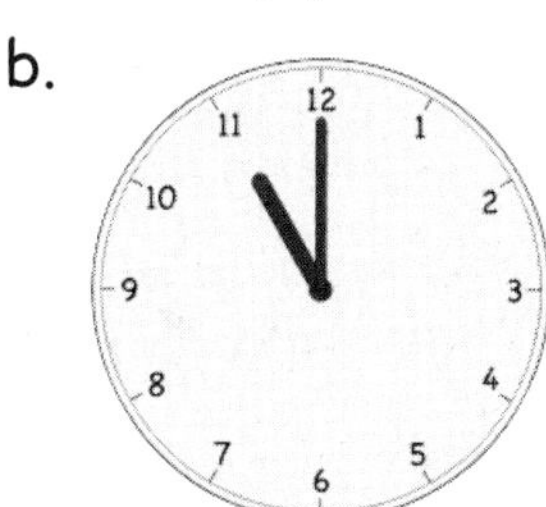
c. 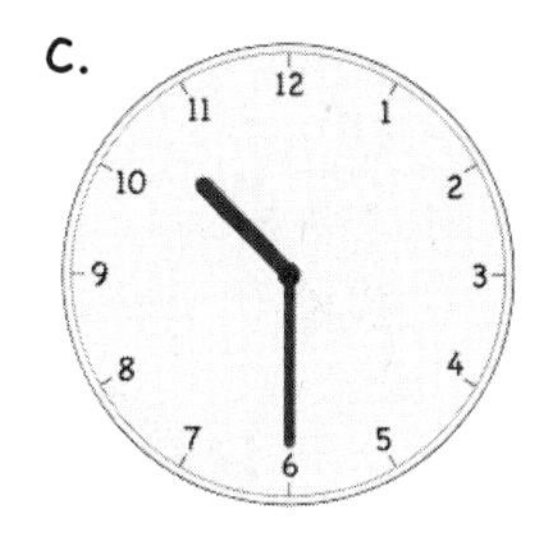

____

____

4. ¿Qué hora es? Escribe las horas en las líneas.

a. 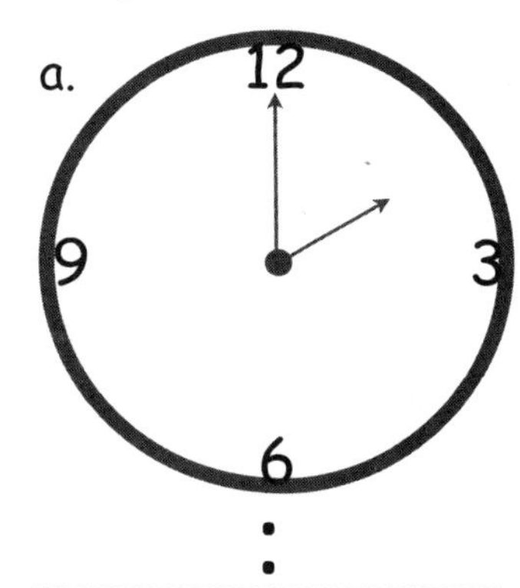

___ : ___

b. 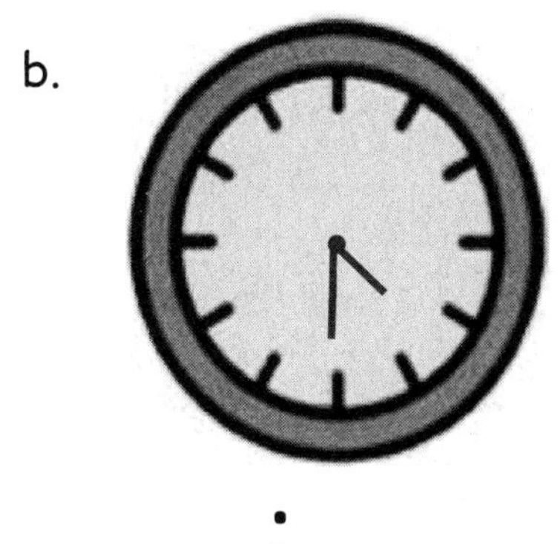

___ : ___

c. 

___ : ___

5. Dibuja las manecillas de los minutos y de las horas en los relojes.

a. 1:00

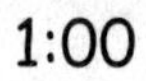

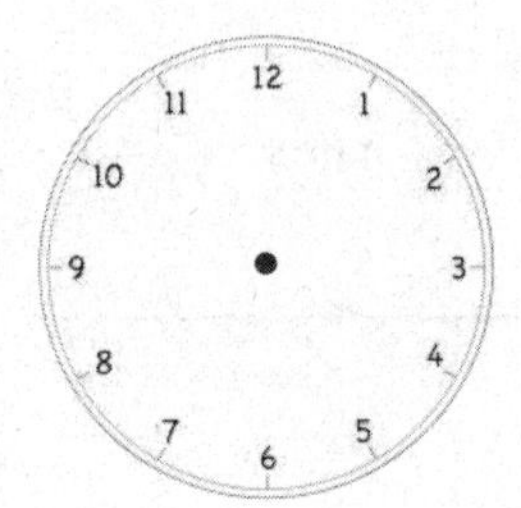

b. 1:30

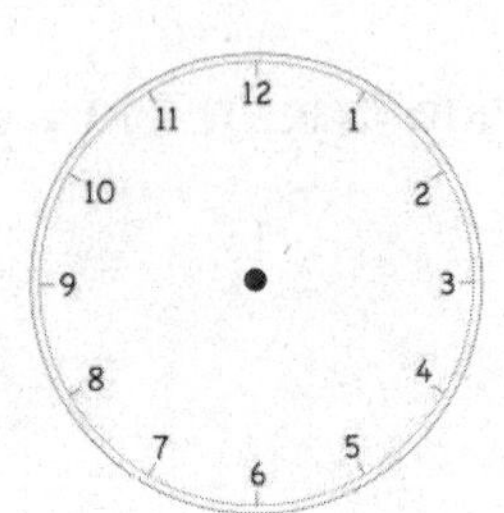

c. 2:00

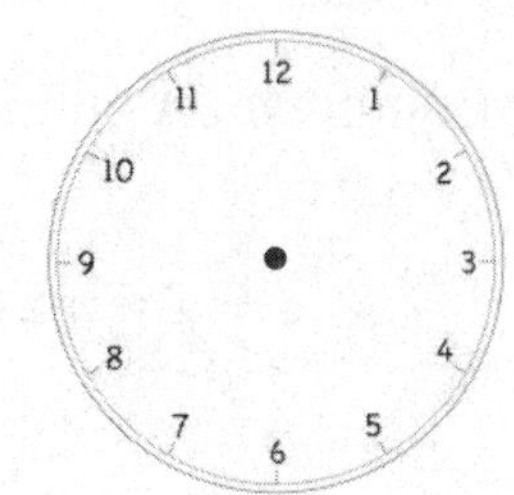

d. 6:30

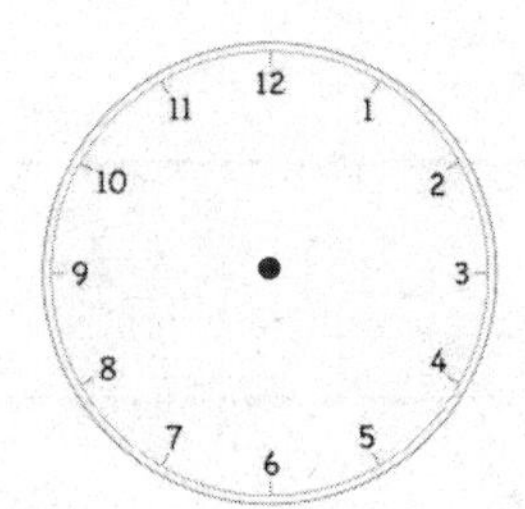

e. 7:30

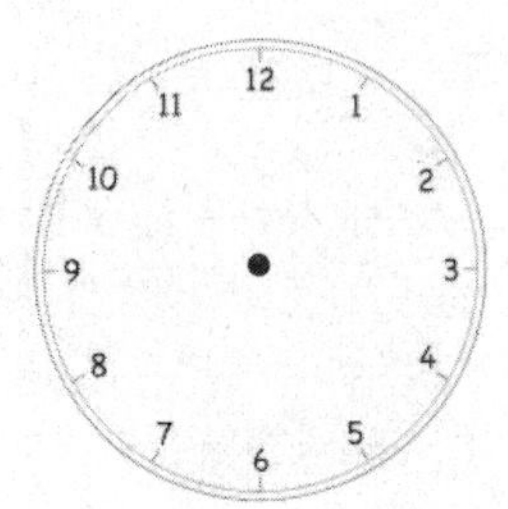

f. 8:30

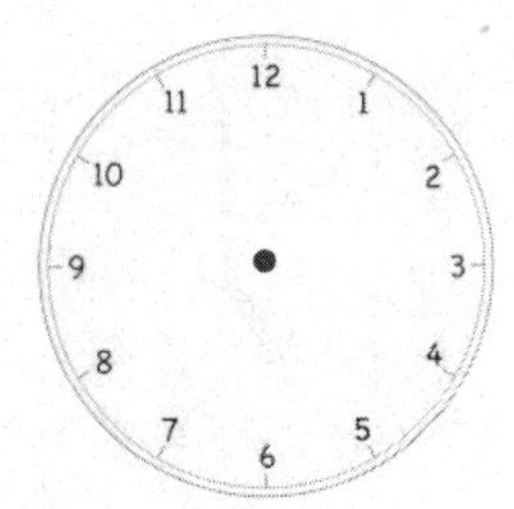

g. 10:00

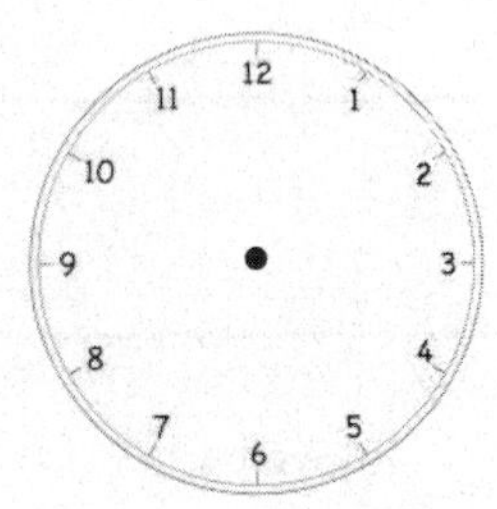

h. 11:00

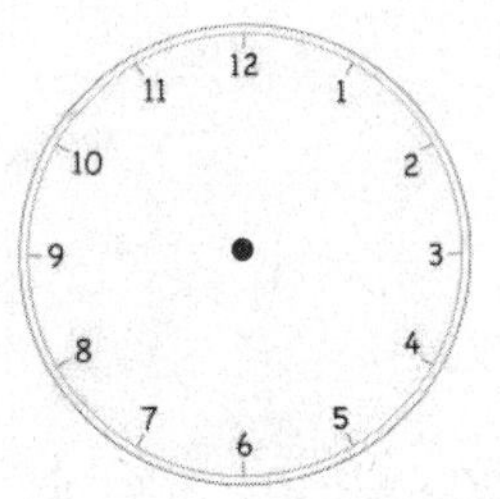

i. 12:00

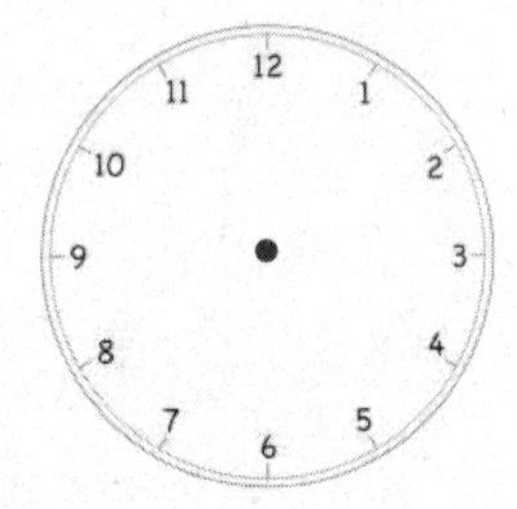

j. 9:30

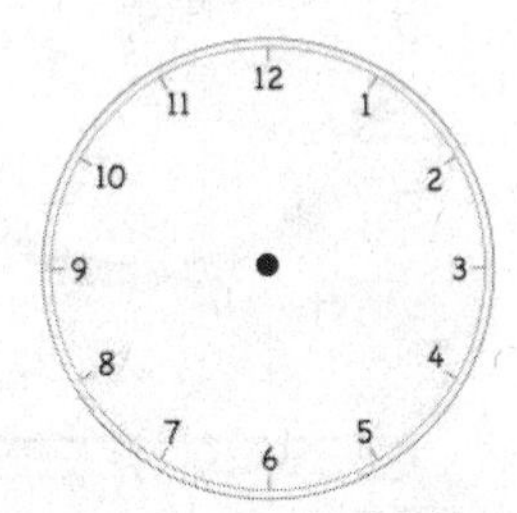

k. 3:00

l. 5:30

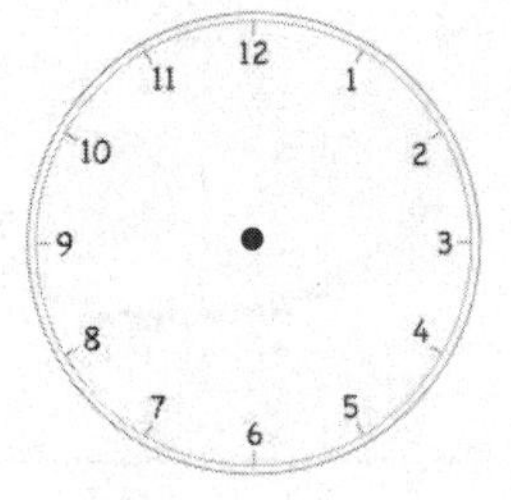

Nombre ______________________________ Fecha ____________

Llena los espacios en blanco.

1.

A  B

3:30

El reloj ______muestra tres y media.

2.

A  B

El reloj ______ muestra las doce y media.

3.

A  B

El reloj ______ muestra las once en punto.

4.

9:00

B

El reloj ______ muestra las 8:30.

5.

A  B

El reloj ______ muestra las 5:00.

6. Escribe la hora en la línea debajo del reloj.

a.	b.	c.
__________	__________	__________
d. 7:30	e.	f.
__________	__________	__________
g.	h. 11:00	i.
__________	__________	__________

7. Coloca una marca (✓) cerca del reloj o relojes que muestren las 4 en punto.

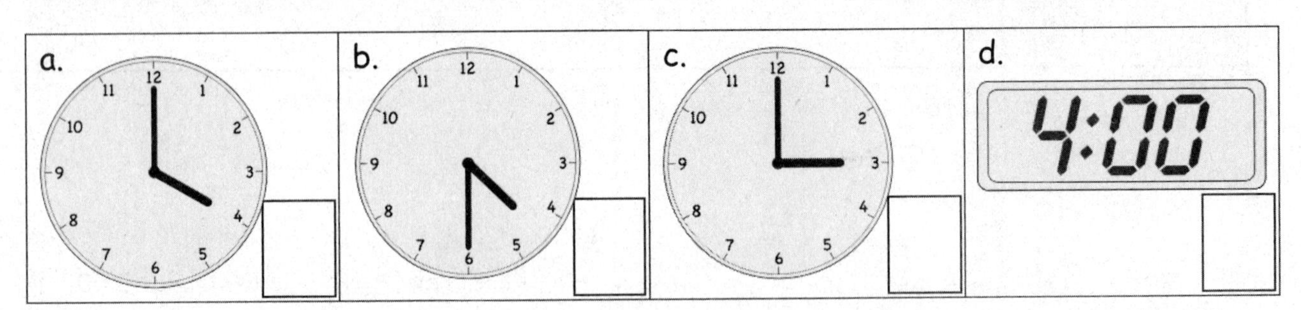

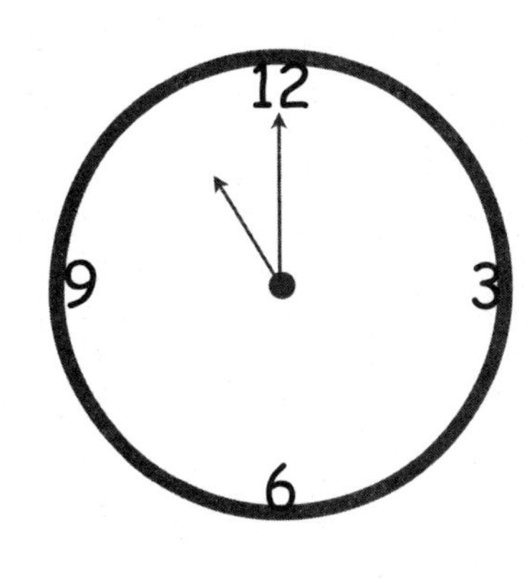

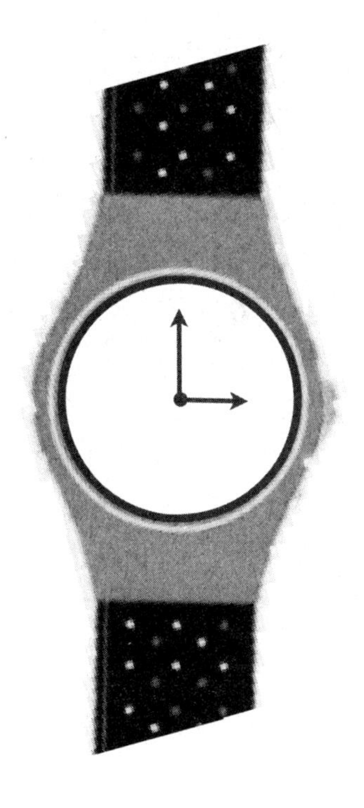

imágenes de relojes

Esta página se dejó en blanco intencionalmente

Versión del estudiante

Eureka Math

1.er grado

Módulo 6

Un agradecimiento especial al Gordon A. Cain Center y al Departamento de Matemáticas de la Universidad Estatal de Luisiana por su apoyo en el desarrollo de *Eureka Math*.

Para obtener un paquete gratis de recursos de Eureka Math para maestros, Consejos para padres y más, por favor visite www.Eureka.tools

Publicado por la organización sin fines de lucro Great Minds®.

Impreso en EE. UU.

Este libro puede comprarse directamente en la editorial en eureka-math.org

10 9 8 7 6 5 4 3 2 1

ISBN: 978-1-68386-201-7

Nombre ________________________________ Fecha ________________

Lee el problema escrito.
Dibuja un diagrama de cinta o diagrama de cinta doble y etiquétalo.
Escribe un enunciado numérico y una afirmación que se relacione con la historia.

R 8
N 8 ?
12
$12 - 8 = \boxed{4}$

1. Peter tiene 3 cabras viviendo en su granja. Julio tiene 9 cabras viviendo en su granja. ¿Cuántas cabras más tiene Julio que Peter?

2. Willie recogió 16 manzanas en el huerto. Emi recogió 10 manzanas en el huerto. ¿Cuántas manzanas más recogió Willie que Emi?

3. Lee recolectó 13 huevos de las gallinas en el establo. Ben recolectó 18 huevos de las gallinas en el establo. ¿Cuántos huevos menos recolectó Lee respecto a Ben?

---

4. Shanika hizo 14 volteretas durante el recreo. Kim hizo 20 volteretas. ¿Cuántas volteretas más hizo Kim respecto a Shanika?

Nombre ____________________________________ Fecha ________________

Lee el problema escrito.
Dibuja un diagrama de cinta o diagrama de cinta doble y etiquétalo.
Escribe un enunciado numérico y una afirmación que se relacione con la historia.

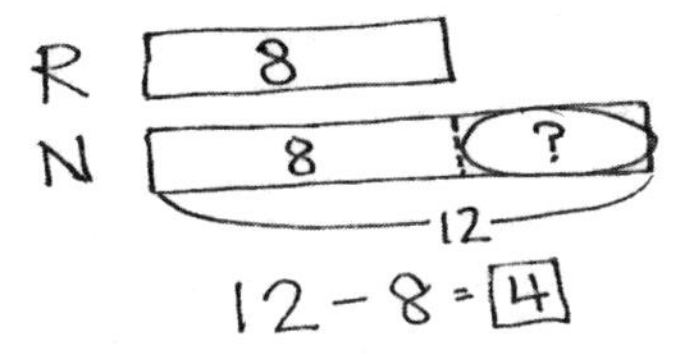

1. Fran donó 11 de sus viejos libros a la biblioteca. Darnel donó 8 de sus viejos libros a la biblioteca. ¿Cuántos libros más donó Fran respecto a Darnel?

---

2. Durante el recreo, 7 estudiantes estaban leyendo libros. Había 17 estudiantes jugando en el patio de juego. ¿Cuántos estudiantes menos estaban leyendo libros que jugando en el patio de recreo?

3. María tiene 18 años de edad. Su hermano Nikil tiene 12 años de edad. ¿Cuántos años más tiene María que su hermano Nikil?

---

4. Llovió durante 15 días en el mes de marzo. Llovió durante 19 días en abril. ¿Cuántos días más llovió en abril que en marzo?

Nombre ______________________________ Fecha ______________

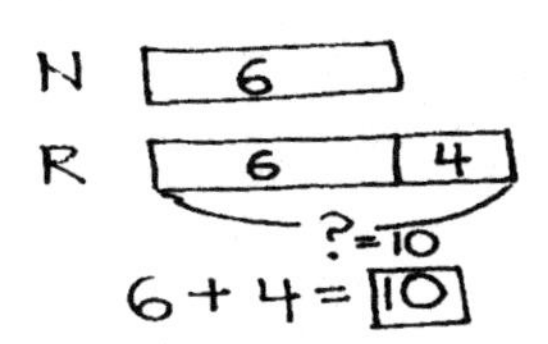

Lee el problema escrito.
Dibuja un diagrama de cinta o diagrama de cinta doble y etiquétalo.
Escribe un enunciado numérico y una afirmación que se relacione con la historia.

1. Nikil horneó 5 pasteles para el concurso. Peter horneó 3 pasteles más que Nikil. ¿Cuántos pasteles horneó Peter para el concurso?

---

2. Emi plantó 12 flores. Rose plantó 3 flores menos que Emi. ¿Cuántas flores plantó Rose?

---

3. Ben anotó 15 goles en el juego de soccer. Anton anotó 11 goles. ¿Cuántos goles más que Anton anotó Ben?

4. Kim cultivó 12 rosas en un jardín. Fran cultivó 6 rosas menos que Kim. ¿Cuántas rosas cultivó Fran en el jardín?

5. María tiene 4 peces más en su pecera que Shanika. Shanika tiene 16 peces. ¿Cuántos peces tiene María en su pecera?

6. Lee tiene 11 juegos de mesa. Lee tiene 5 juegos de mesa más que Darnel. ¿Cuántos juegos de mesa tiene Darnel?

Nombre ______________________________ Fecha ______________

<u>L</u>ee el problema escrito.
<u>D</u>ibuja un diagrama de cinta o diagrama de cinta doble y etiquétalo.
<u>E</u>scribe un enunciado numérico y una afirmación que se relacione con la historia.

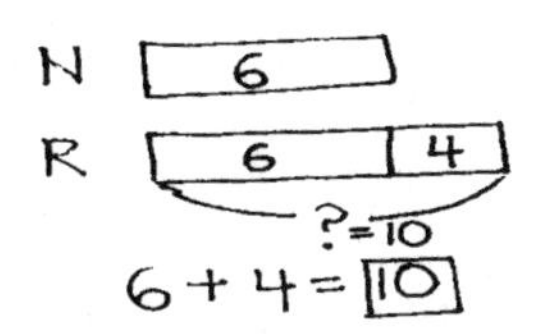

1. Kim fue a 15 juegos de béisbol este verano. Julio fue a 10 juegos de béisbol. ¿A cuántos juegos más fue Kim que Julio?

2. Kiana recogió 14 fresas en la granja. Tamra recogió 5 fresas menos que Kiana. ¿Cuántas fresas recogió Tamra?

3. Willie vio 7 reptiles en el zoológico. Emi vio 4 reptiles más en el zoológico que Willie. ¿Cuántos reptiles vio Emi en el zoológico?

4. Peter saltó a la piscina 6 veces más que Darnel. Darnel saltó 9 veces. ¿Cuántas veces saltó Peter a la piscina?

---

5. Rose encontró 16 conchas marinas en la playa. Lee encontró 6 conchas marinas menos que Rose.
¿Cuántas conchas marinas encontró Lee en la playa?

---

6. Shanika recibió 12 tarjetas en el correo. Nikil recibió 5 tarjetas más que Shanika. ¿Cuántas tarjetas obtuvo Nikil?

Nombre ______________________________ Fecha ______________

Escribe las decenas y unidades. Completa las afirmaciones.

1.

decenas	unidades

43 = _____ decenas _____ unidades

2.

decenas	unidades

= _____ **decenas** _____ **unidades**

3.

decenas	unidades

Hay _____ cubos.

4.

decenas	unidades

Hay _____ cubos.

5.

decenas	unidades

Hay _____ cubos.

6.

decenas	unidades

Hay _____ cubos.

7.

decenas	unidades

Hay _____ cacahuetes.

8.

decenas	unidades

Hay _____ cajas de jugo.

9. Escribe el número como decenas y unidades en la tabla de valor posicional o usa la tabla de valor posicional para escribir el número.

a. 40

decenas	unidades

b. 46

decenas	unidades

c. _____

decenas	unidades
5	9

d. _____

decenas	unidades
9	5

e. 75

decenas	unidades

f. 70

decenas	unidades

g. 60

decenas	unidades

h. _____

decenas	unidades
8	0

i. _____

decenas	unidades
5	5

j. _____

decenas	unidades
10	0

Nombre ______________________________ Fecha ______________

Escribe las decenas y unidades. Completa la afirmación.

1.

decenas	unidades

52 = _____ decenas _____ unidades

2.

decenas	unidades

= _____ decenas _____ unidades

3.

decenas	unidades

Hay _____ cubos.

4.

decenas	unidades

Hay _____ cubos.

5.

decenas	unidades

Hay _____ cubos.

6.

decenas	unidades

Hay _____ cubos.

7.

decenas	unidades

Hay _____ zanahorias.

8.

decenas	unidades

Hay _____ marcadores.

9. Escribe el número como decenas y unidades en la tabla de valor posicional o usa la tabla de valor posicional para escribir el número.

a. 70

decenas	unidades

b. 76

decenas	unidades

c. ____

decenas	unidades
4	9

d. __

decenas	unidades
9	4

e. 65

decenas	unidades

f. 60

decenas	unidades

g. 90

decenas	unidades

h. ____

decenas	unidades
10	0

i. ____

decenas	unidades
8	3

j. ____

decenas	unidades
8	0

EUREKA MATH™

decenas	unidades

decenas	unidades

Tabla de valor posicional

Esta página se dejó en blanco intencionalmente

Nombre ______________________________ Fecha ______________

Cuenta los objetos y rellena el vínculo numérico o la tabla de valor posicional. Completa los enunciados para sumar las decenas y unidades.

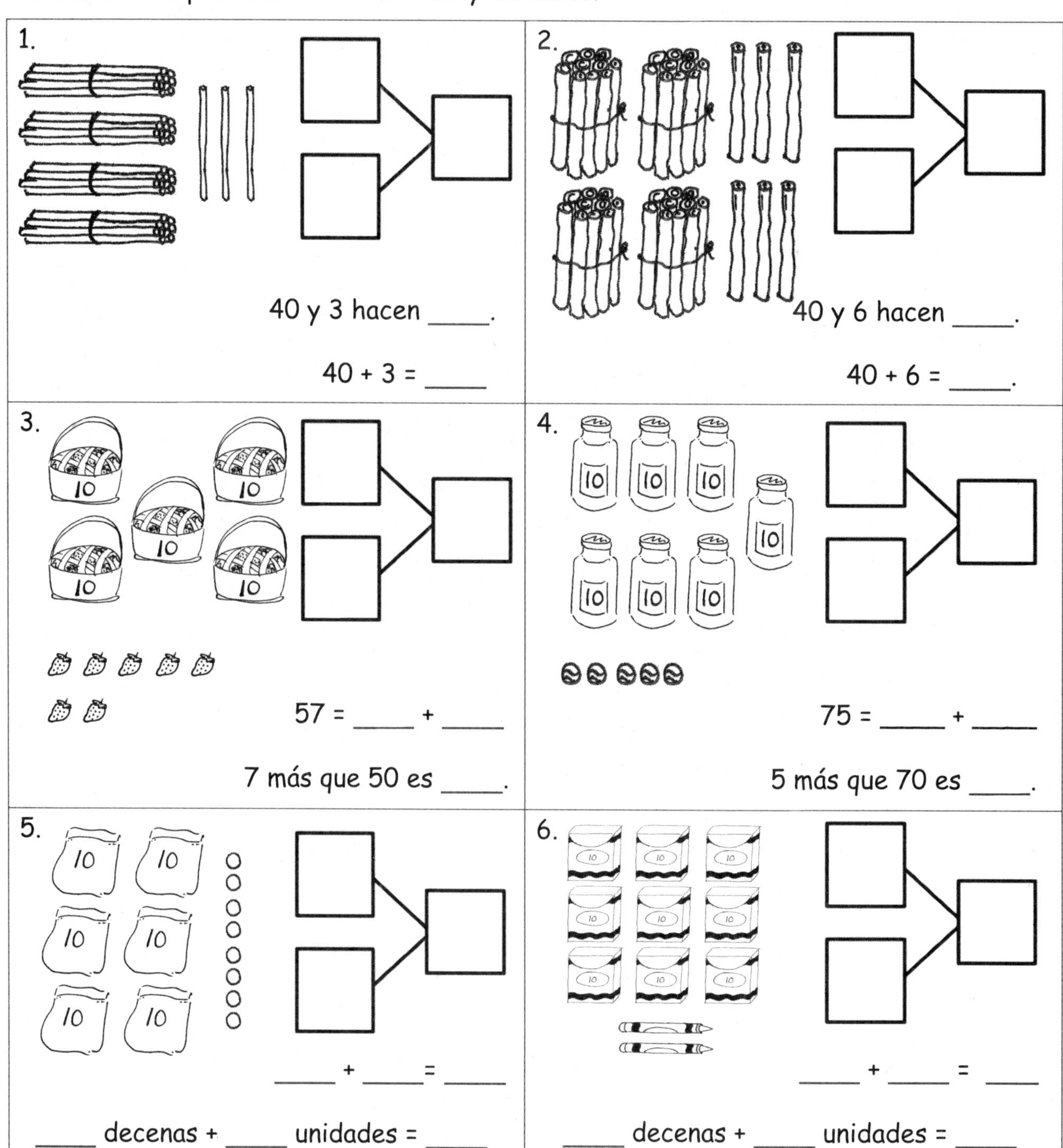

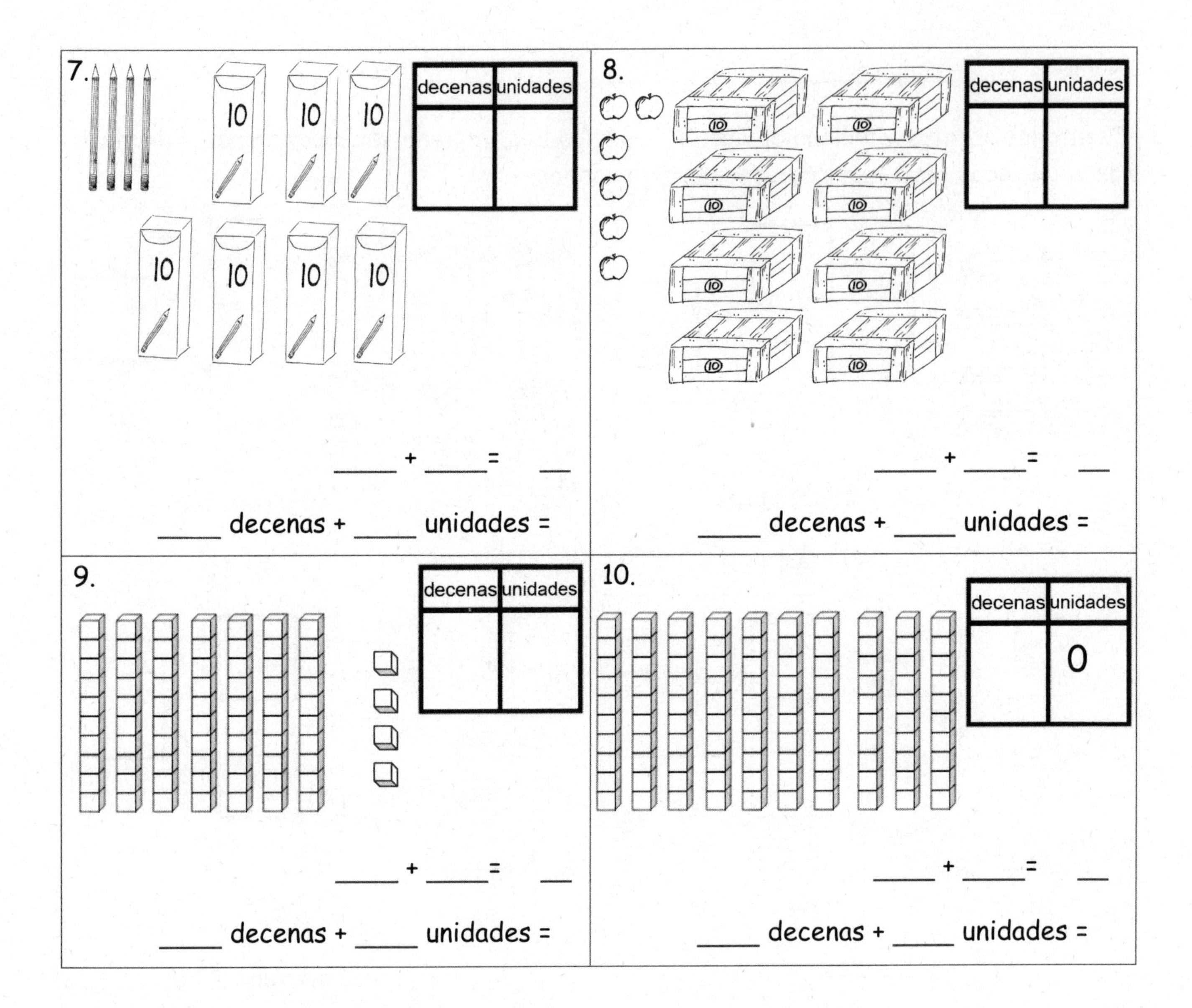

11. Completa los enunciados para sumar las decenas y unidades.

a. 50 + 6 = ____

b. ____ + 9 = 89

c. 5 decenas + ____ unidades = 56

d. 9 unidades + 8 decenas = ____

Nombre ______________________________ Fecha ______________

Cuenta los objetos y rellena el vínculo numérico o la tabla de valor posicional. Completa los enunciados para sumar las decenas y unidades.

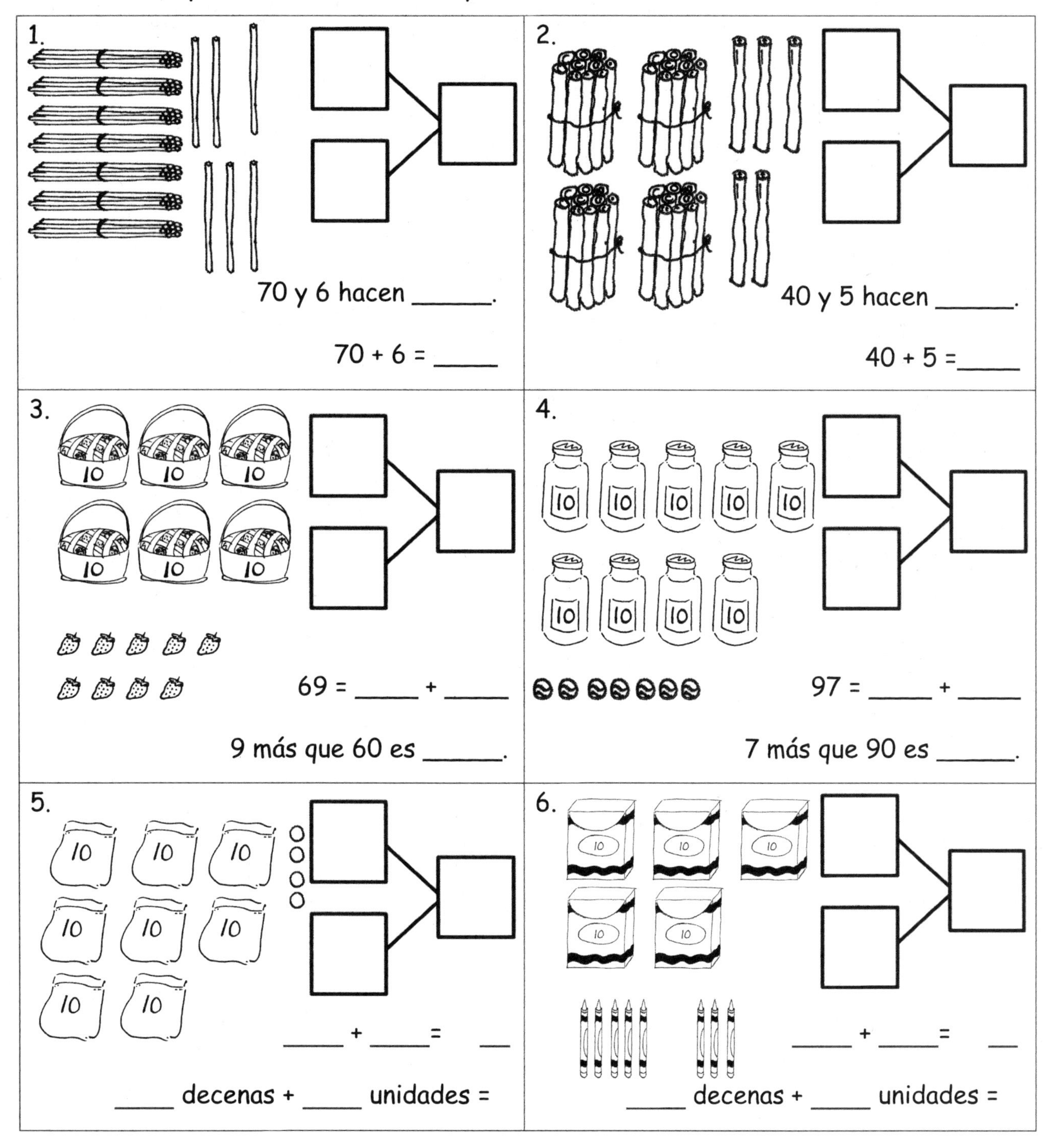

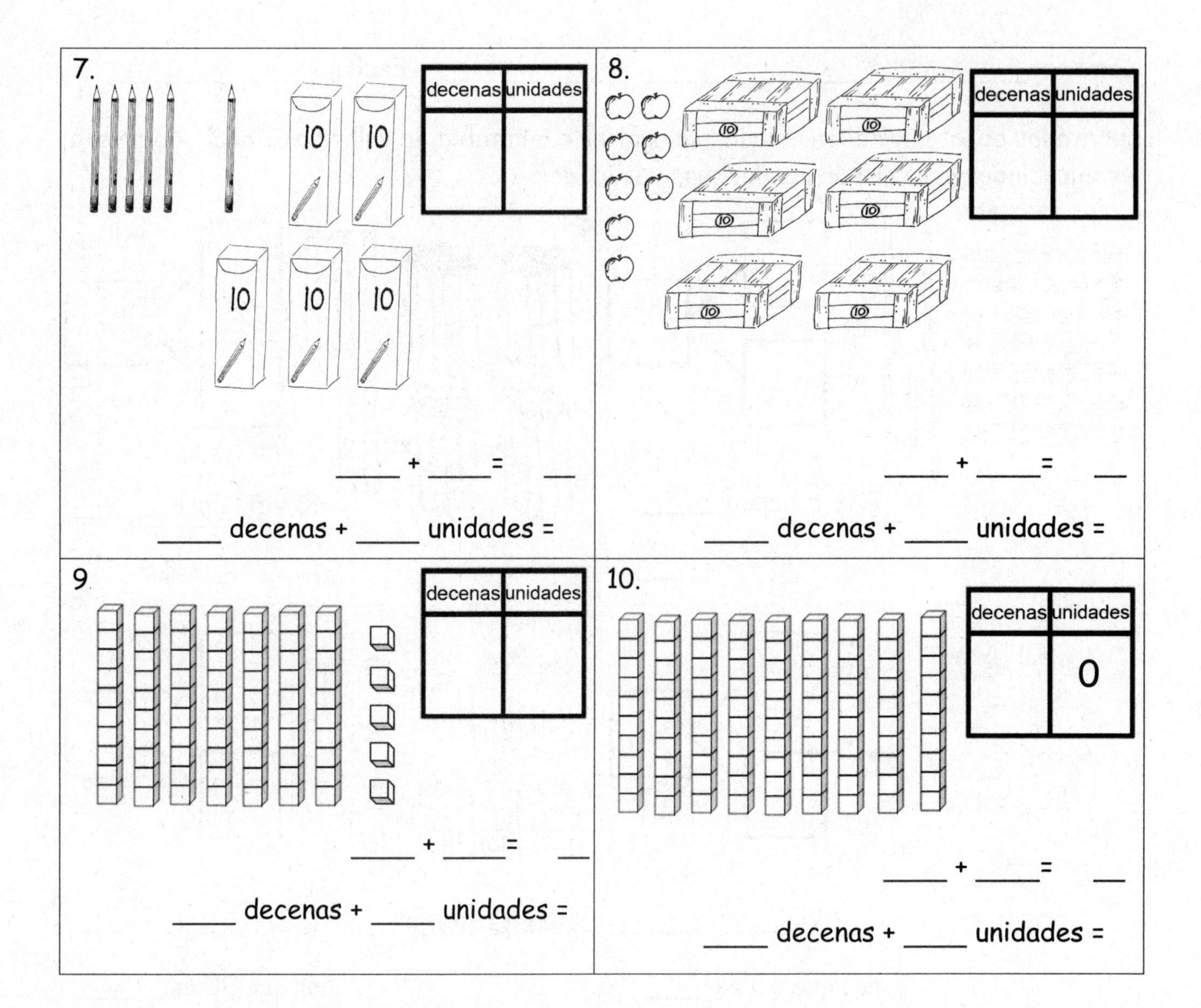

11. Completa los enunciados para sumar las decenas y unidades.

a. 80 + 6 = ____

b. ____ + 7 = 57

c. 9 decenas + ____ unidades = 95

d. 4 unidades + 8 decenas = ____

Nombre ______________________________ Fecha ______________

1. Resuelve. Puedes dibujar o tachar (x) para mostrar tu trabajo.

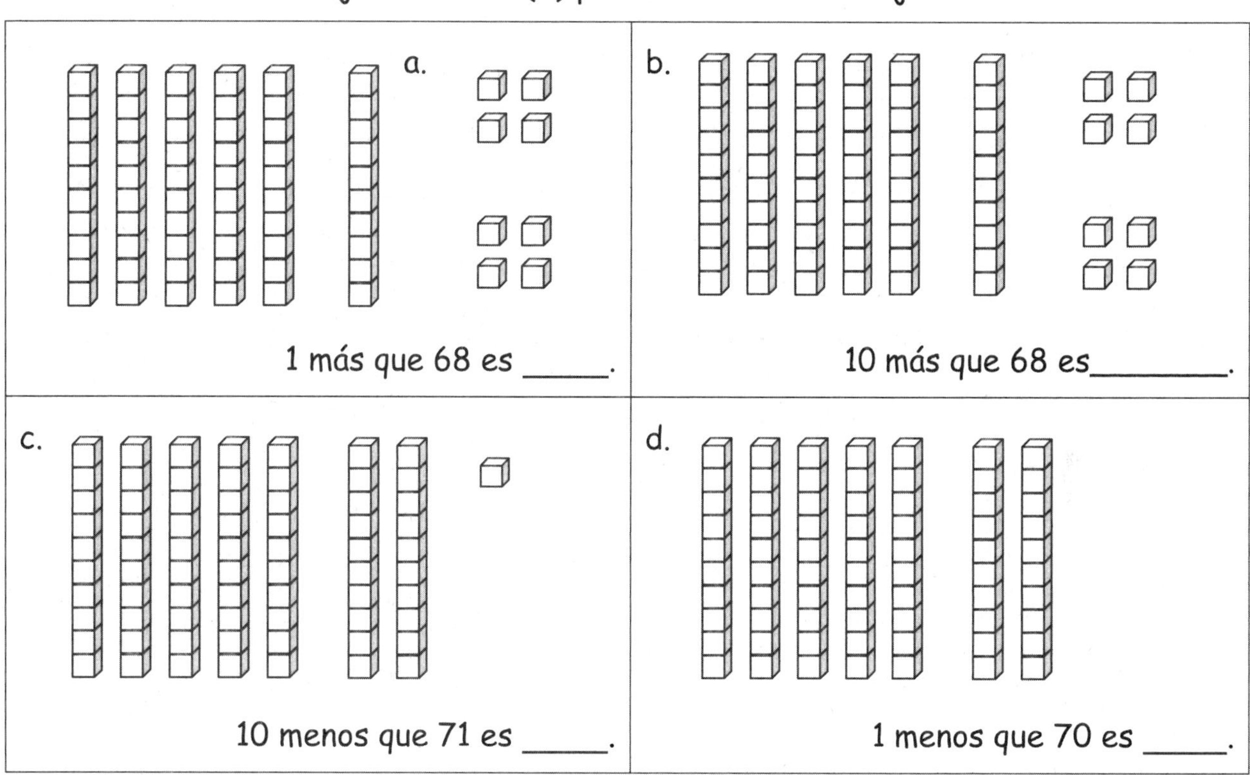

2. Encuentra los números misteriosos. Usa la estrategia de flechas para explicar cómo lo sabes.

a. 10 más que 59 es _____.

decenas	unidades
5	9

+ 1 →

decenas	unidades

b. 1 menos que 59 es _____.

decenas	unidades

decenas	unidades

c. 1 más que 59 es _____.

decenas	unidades

decenas	unidades

d. 10 menos que 59 es _____.

decenas	unidades

3. Escribe el número que es **1 más**.	4. Escribe el número que es **10 más**.
a. 10, _____ b. 70, _____ c. 76, _____ d. 79, _____ e. 99, _____	a. 10, _____ b. 60, _____ c. 61, _____ d. 78, _____ e. 90, _____
5. Escribe el número que es **1 menos**. a. 12, _____ b. 52, _____ c. 51, _____ d. 80, _____ e. 100, _____	6. Escribe el número que es **10 menos**. a. 20, _____ b. 60, _____ c. 74, _____ d. 81, _____ e. 100, _____

7. Rellena los números que faltan en cada secuencia:

a. 40, 41, 42, _____

b. 89, 88, 87, _____

c. 72, 71, _____, 69

d. 63, _____, 65, 66

e. 40, 50, 60, _____

f. 80, 70, 60, _____

g. 55, 65, _____, 85

h. 99, 89, _____, 69

i. _____, 99, 98, 97

j. _____, 77, _____, 57

Nombre ______________________________ Fecha ______________

1. Resuelve. Puedes dibujar o tachar (x) para mostrar tu trabajo.

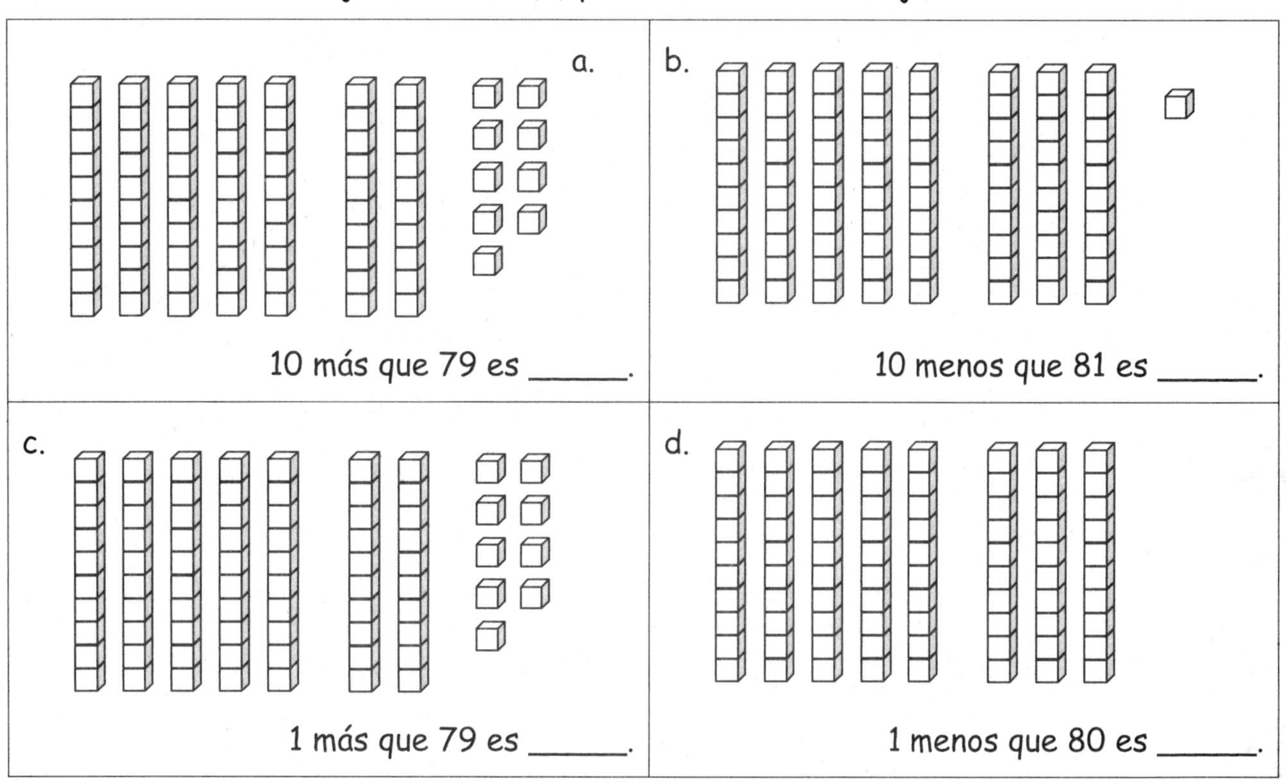

2. Encuentra los números misteriosos. Puedes hacer un dibujo para ayudarte a resolver, si hace falta.

a. 10 más que 75 es _______.

decenas	unidades
7	5

+ 10 →

decenas	unidades

b. 1 más que 75 es _______.

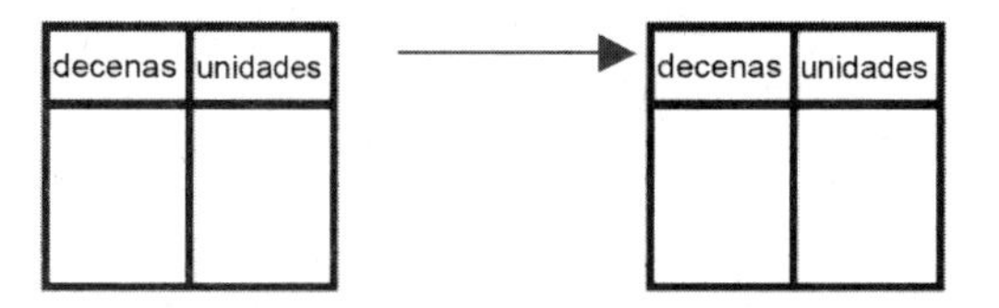

c. 10 menos que 88 es _______.

decenas	unidades

decenas	unidades

d. 1 menos que 88 es _______.

decenas	unidades

decenas	unidades

3. Escribe el número que es **1 más**.	4. Escribe el número que es **10 más**.
a. 40, _____	a. 60, _____
b. 50, _____	b. 70, _____
c. 65, _____	c. 77, _____
d. 69, _____	d. 89, _____
e. 99, _____	e. 90, _____
5. Escribe el número que es **1 menos**.	6. Escribe el número que es **10 menos**.
a. 53, _____	a. 50, _____
b. 73, _____	b. 60, _____
c. 71, _____	c. 84, _____
d. 80, _____	d. 91, _____
e. 100, _____	e. 100, _____

7. Rellena los números que faltan en cada secuencia:

a. 50, 51, 52, _____

b. 79, 78, 77, _____

c. 62, 61, _____, 59

d. 83, _____, 85, 86

e. 60, 70, 80, _____

f. 100, 90, 80, _____

g. 57, 67, _____, 87

h. 89, 79, _____, 59

i. _____, 99, 98, 97

j. _____, 84, _____, 64

Nombre ________________________________ Fecha ______________

1. Usa los símbolos para comparar los números. Llena el espacio en blanco con <, > o = para hacer que la afirmación sea verdadera.

85 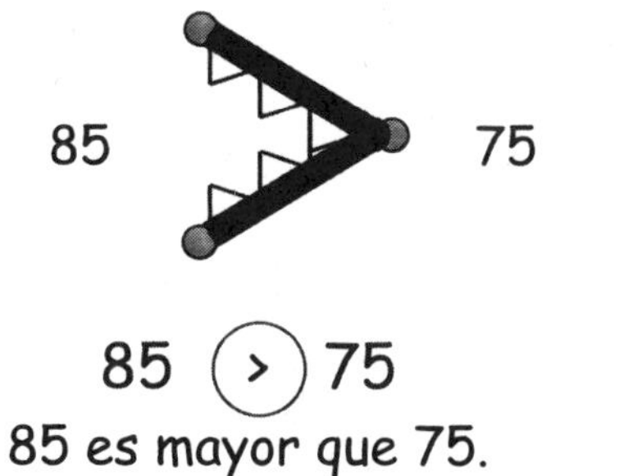 75

4 decenas 3 unidades 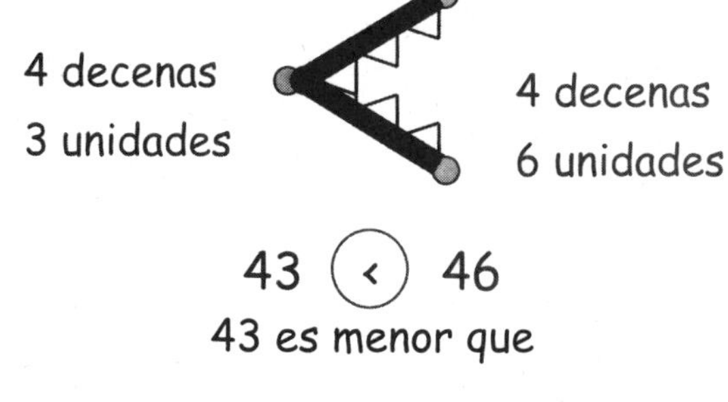 4 decenas 6 unidades

85 (>) 75
85 es mayor que 75.

43 (<) 46
43 es menor que

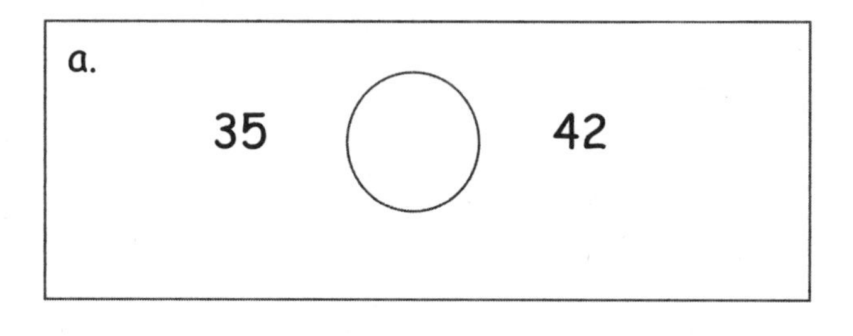

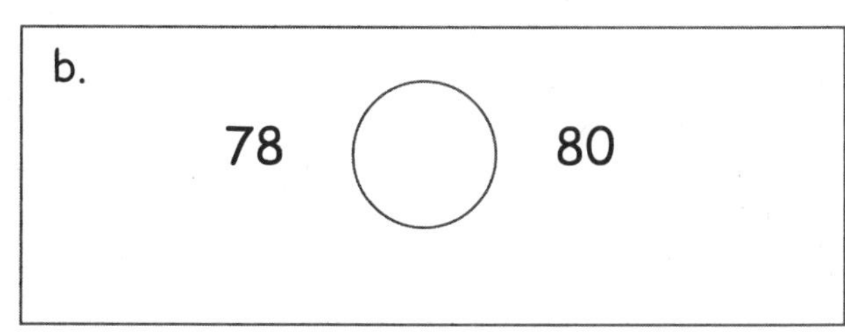

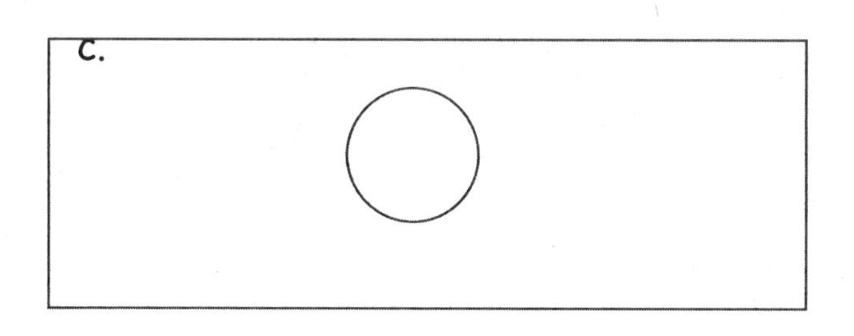

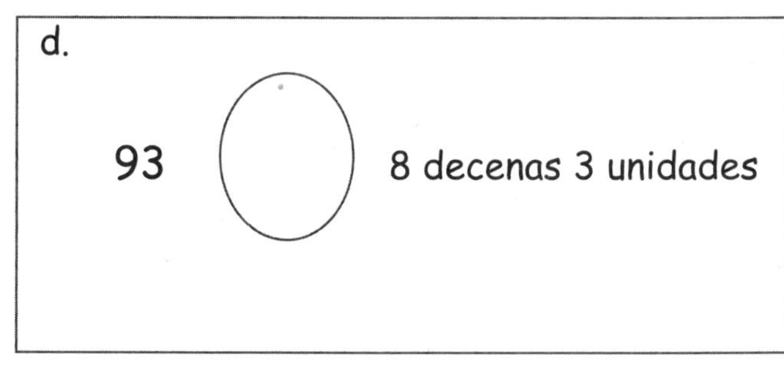

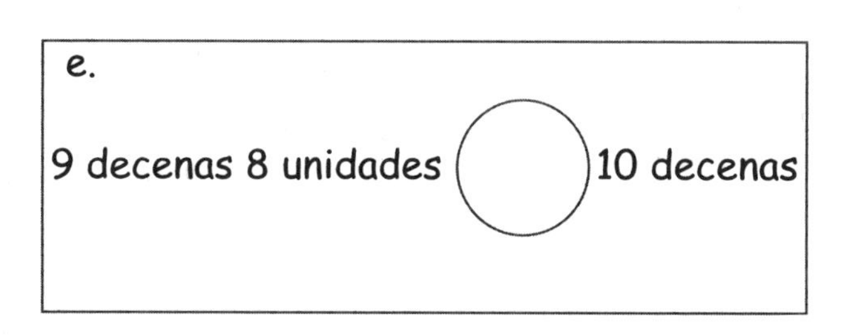

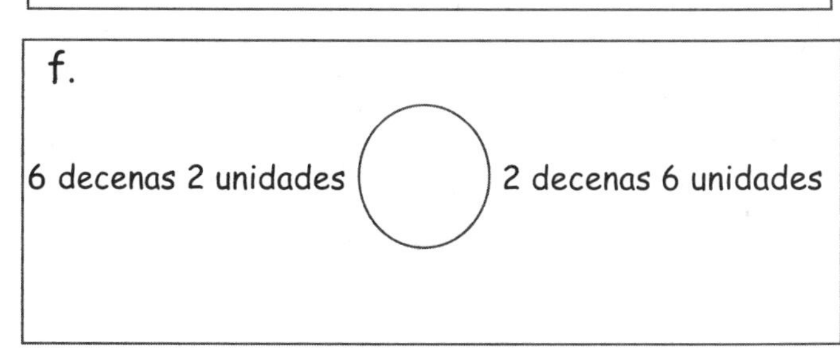

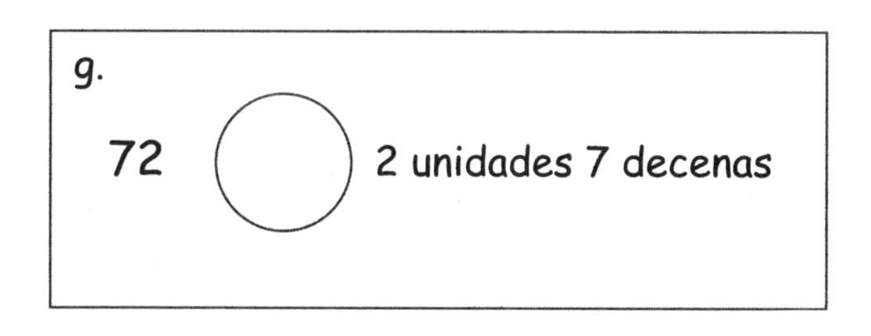

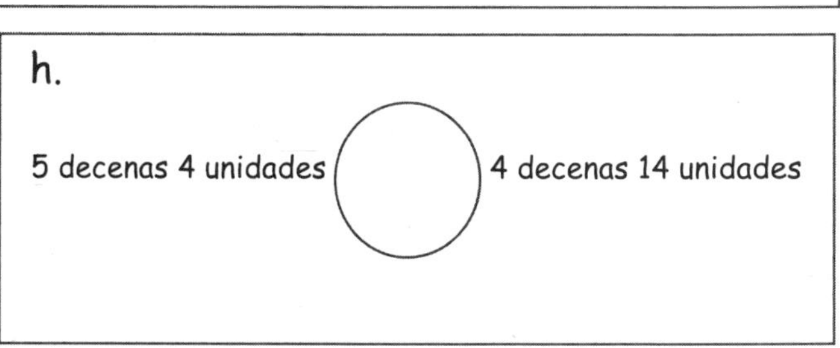

2. Encierra en un círculo las palabras correctas para hacer que el enunciado sea verdadero. Usa >, < o = y números para escribir una afirmación verdadera.

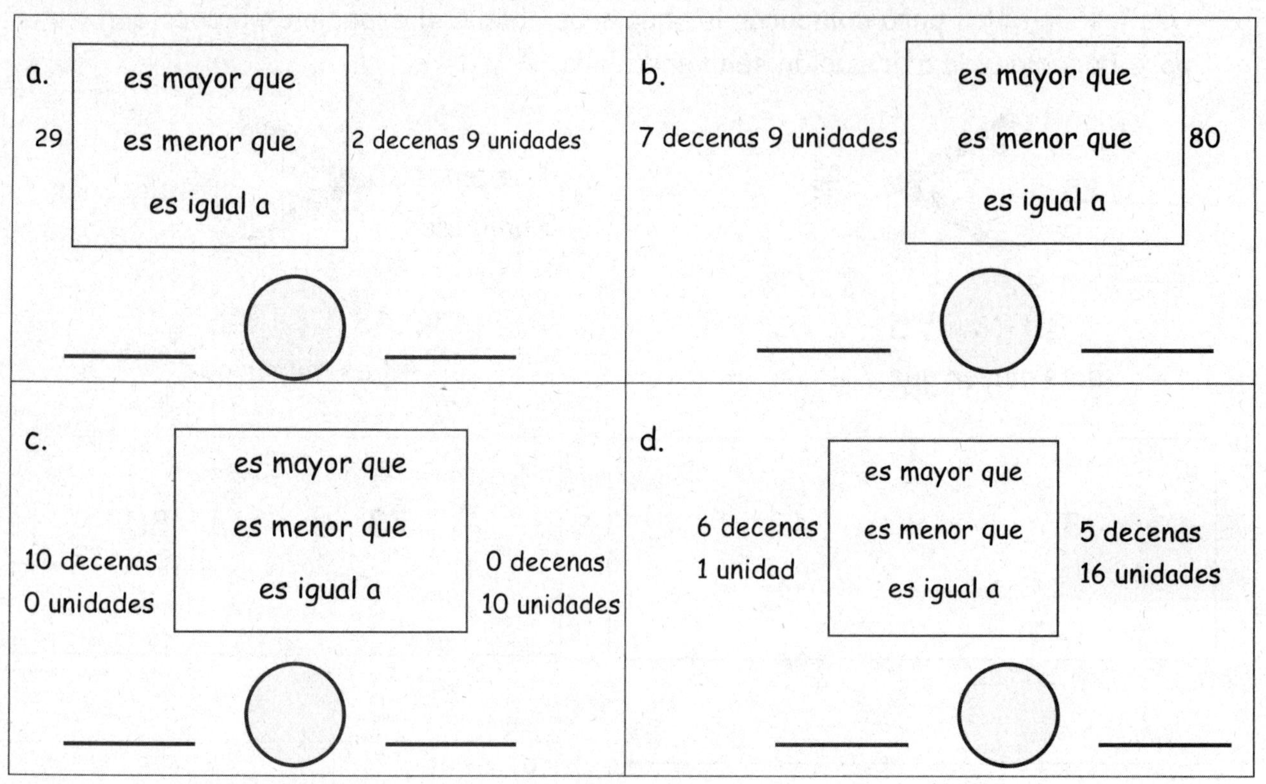

3. Usa <, = o > para comparar los pares de números.

a. 3 decenas 9 unidades ◯ 5 decenas 9 unidades
b. 30 ◯ 13
c. 100 ◯ 10 decenas
d. 6 decenas 4 unidades ◯ 4 unidades 6 decenas
e. 7 decenas 9 unidades ◯ 79
f. 1 decena 5 unidades ◯ 5 unidades 1 decena
g. 72 ◯ 6 decenas 12 unidades
h. 88 ◯ 8 decenas 18 unidades

Nombre ____________________________________ Fecha _______________

1. Usa los símbolos para comparar los números. Llena el espacio en blanco con <, > o = para hacer que la afirmación sea verdadera.

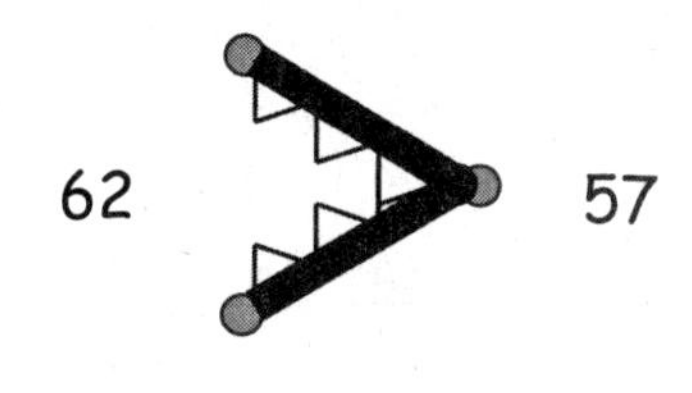

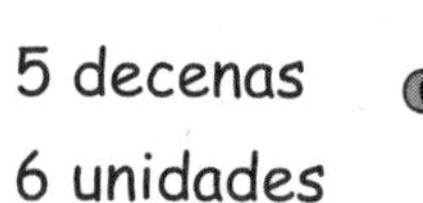

62 (>) 57
62 es mayor que 57.

56 (<) 59
56 es menor que 59.

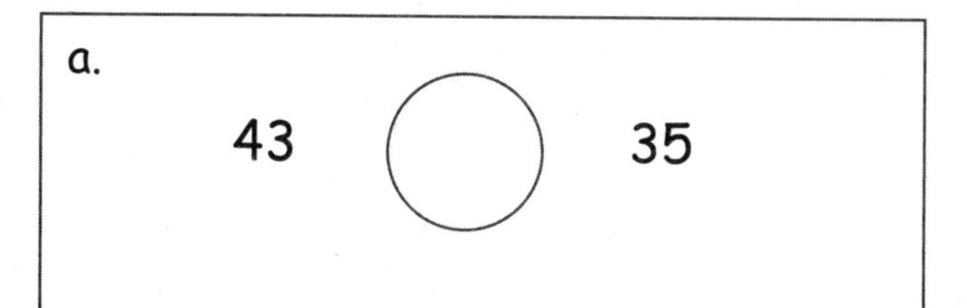
a. 43 ◯ 35

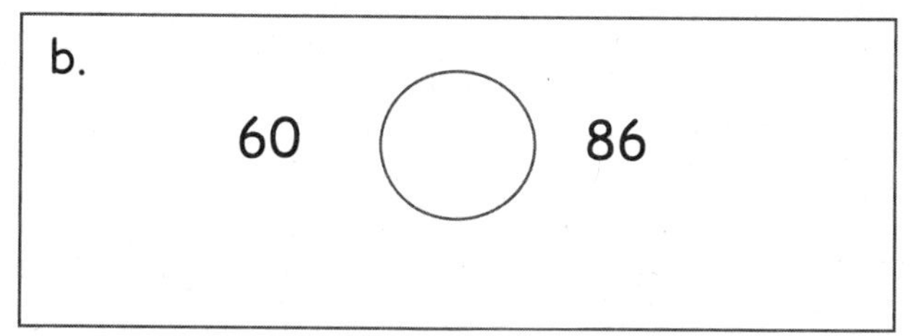
b. 60 ◯ 86

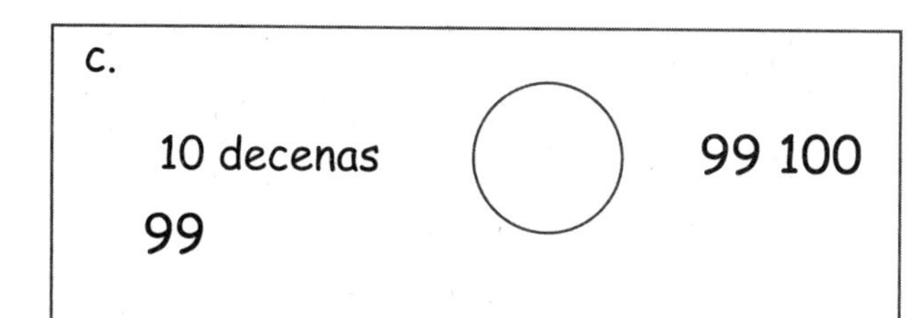
c. 10 decenas ◯ 99 100
99

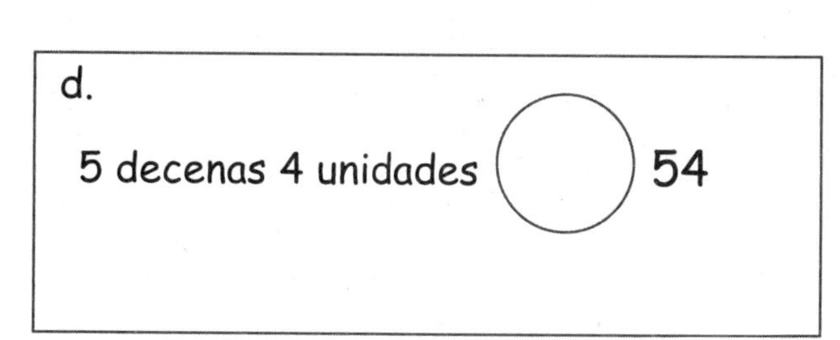
d. 5 decenas 4 unidades ◯ 54

e. 7 decenas 9 unidades ◯ 9 decenas 7 unidades

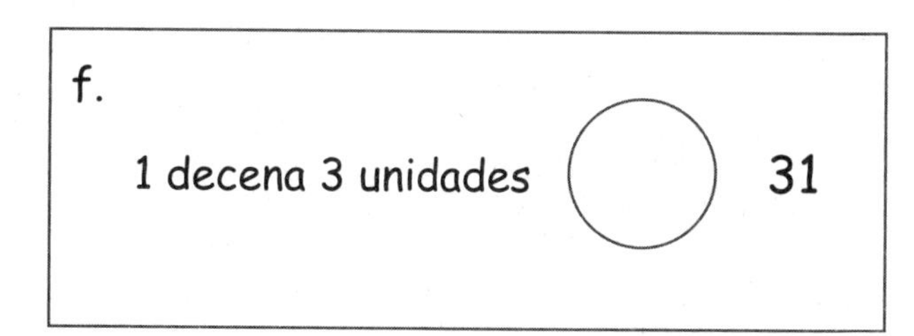
f. 1 decena 3 unidades ◯ 31

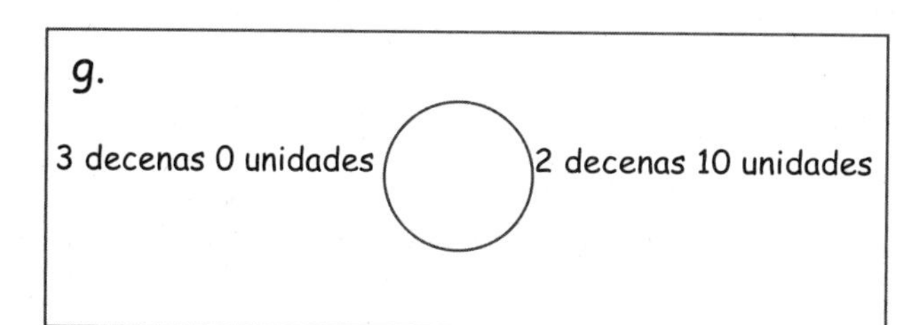
g. 3 decenas 0 unidades ◯ 2 decenas 10 unidades

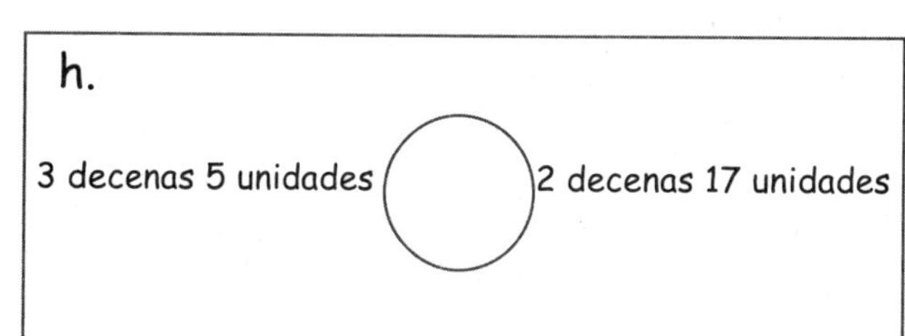
h. 3 decenas 5 unidades ◯ 2 decenas 17 unidades

2. Rellena con las palabras correctas de la casilla para hacer que el enunciado sea verdadero. Usa >, <, o = y números para escribir una afirmación verdadera.

es mayor que	es menor que	es igual a

a. 42 ____________________ 1 decena 2 unidades

____ ◯ ____

b. 6 decenas 7 unidades ____________________ 5 decenas 17 unidades

____ ◯ ____

c. 37 ____________________ 73

____ ◯ ____

d. 2 decenas 14 unidades ____________________ 4 unidades 2 decenas

____ ◯ ____

e. 9 unidades 5 decenas ____________________ 9 decenas 5 unidades

____ ◯ ____

Nombre ______________________________ Fecha ______________

1. Rellena los números que faltan en la tabla hasta 120.

a.	b.	c.	d.	e.
71	81	91		111
	82		102	
73	83	93		113
	84	94	104	114
76	86	96	106	116
77	87	97		117
79	89	99	109	119
80		100	110	

2. Escribe los números para continuar la secuencia de conteo hasta 120.

96, 97, ____, ____, ____, ____, ____,

____, ____, ____, ____, ____, ____,

____, ____, ____, ____, ____, ____,

____, ____, ____, ____, ____, ____

3. Encierra en un círculo la secuencia que es incorrecta. Escribe de nuevo la misma correctamente en la línea.

a.

107, 108, 109, 110, 120

b.

99, 100, 101, 102, 103

____

4. Llena los números que faltan en la secuencia.

a.

115, 116, ____, ____, ____

b.

____, ____, 118, ____, 120

c.

100, 101, ____, ____, 104

d.

97, 98, ____, ____, ____, ____

Nombre ______________________________ Fecha ______________

1. Rellena los números que faltan en la tabla hasta 120.

a.	b.	c.	d.	e.
71		91		111
	82		102	
		93		
74				114
	85		105	
		96		116
	87			
			108	
79		99		119
80	90		110	

2. Escribe los números para continuar la secuencia de conteo hasta 120.

99,_____, 101, _____, _____, _____, _____, _____, _____,

_____, _____, _____, _____, _____, _____, _____,

_____, _____, _____, _____, _____, _____

3. Encierra en un círculo la secuencia que es incorrecta. Escribe de nuevo la misma correctamente en la línea.

a.

116, 117, 118, 119, 120

b.

96, 97, 98, 99, 100, 110

____

4. Llena los números que faltan en la secuencia.

a.

113, 114, _____, _____, _____

b.

_____, _____, _____, 120

c.

102 _____ _____ _____

d.

88, 89, _____, _____, _____, _____

EUREKA MATH™

Nombre ______________________________ Fecha ____________

1. Escribe el número como decenas y unidades en la tabla de valor posicional o usa la tabla de valor posicional para escribir el número.

a. 74

decenas	unidades

b. 78

decenas	unidades

c. _____

decenas	unidades
9	1

d. _____

decenas	unidades
10	9

e. 116

decenas	unidades

f. 103

decenas	unidades

g. _____

decenas	unidades
11	2

h. _____

decenas	unidades
12	0

i. _____

decenas	unidades
10	5

j. 102

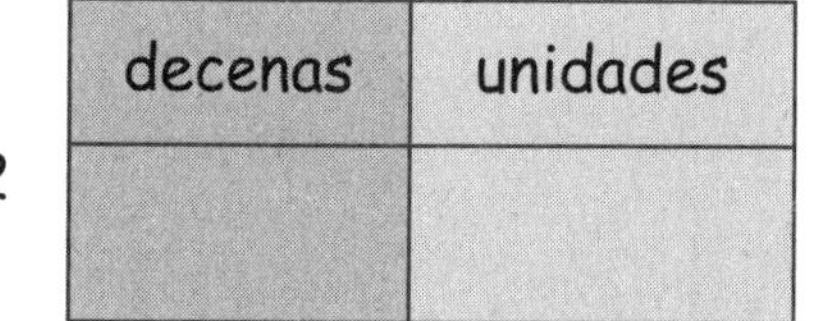

decenas	unidades

2. Relaciona.

a.

decenas	unidades
9	7

b.

decenas	unidades
10	7

c.

decenas	unidades
11	0

d.

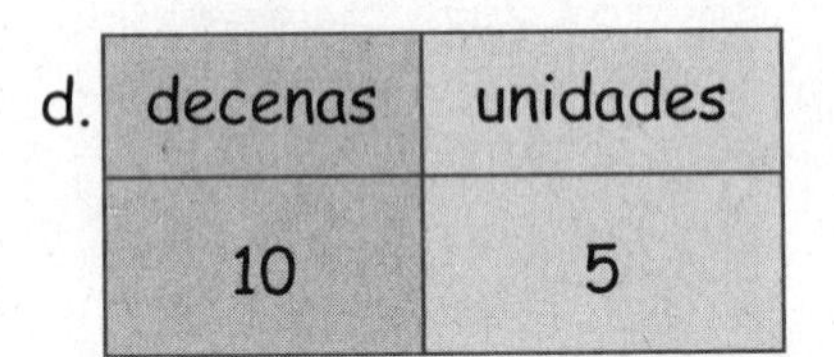

decenas	unidades
10	5

e.

decenas	unidades
10	1

f.

decenas	unidades
12	0

g.

decenas	unidades
11	8

- 10 decenas 5 unidades
- 10 decenas 7 unidades
- 9 decenas 7 unidades
- 12 decenas 0 unidades
- 110
- 11 decenas 8 unidades
- 101

EUREKA MATH™

Nombre ________________________________ Fecha ______________

1. Escribe el número como decenas y unidades en la tabla de valor posicional o usa la tabla de valor posicional para escribir el número.

a. 81

decenas	unidades

b. 98

decenas	unidades

c. _____

decenas	unidades
11	7

d. _____

decenas	unidades
10	8

e. 104

decenas	unidades

f. 111

decenas	unidades

2. Escribe el número.

a. 9 decenas 2 unidades es el número ______.	b. 8 decenas 4 unidades es el número ______.
c. 11 decenas 3 unidades es el número _____.	d. 10 decenas 9 unidades es el número _____.
e. 10 decenas 1 unidad es el número _____.	f. 11 decenas 6 unidades es el número _____.

3. Relaciona.

a.

decenas	unidades
10	2

b.

decenas	unidades
9	5

c.

decenas	unidades
11	4

d.

decenas	unidades
11	0

e.

decenas	unidades
10	8

f.

decenas	unidades
10	0

g.

decenas	unidades
11	8

- 11 decenas 4 unidades
- 9 decenas 5 unidades
- 11 decenas 8 unidades
- 11 decenas 0 unidades
- 102
- 10 decenas 0 unidades
- 108

Nombre ______________________________ Fecha ______________

Cuenta los objetos. Rellena la tabla de valor posicional y escribe el número en la línea.

1. 10 10 10 10 10 10 10 10 10

decenas	unidades

______

2. 10 10 10 10 10 10 10 10 10 10

decenas	unidades

______

3.

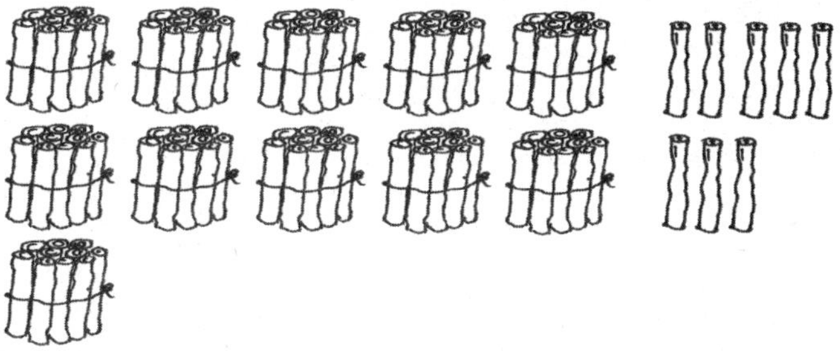

decenas	unidades

______

4. 10 10 10 10 10 10 10 10 10 10

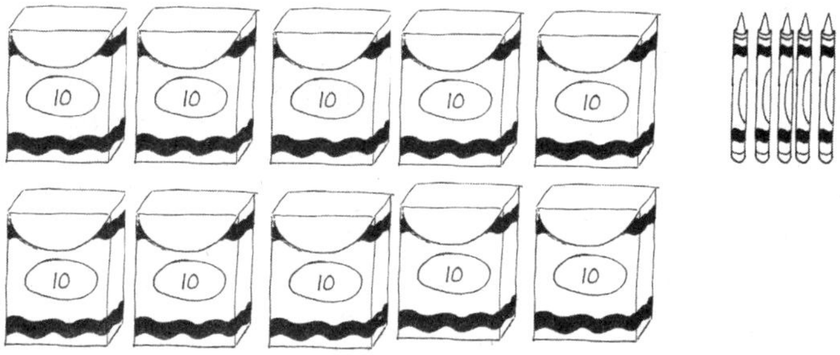

decenas	unidades

______

5.

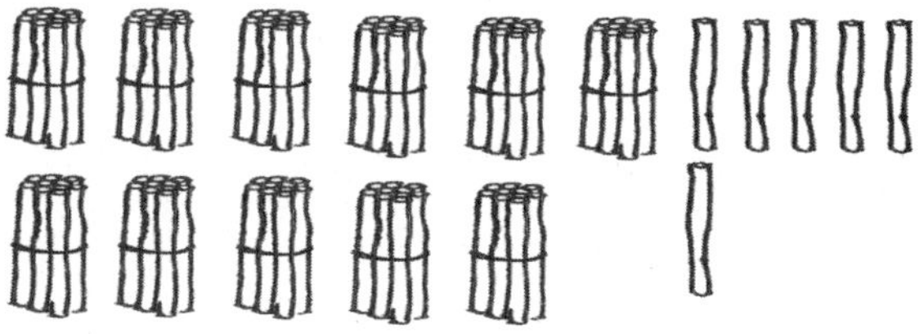

decenas	unidades

______

6.

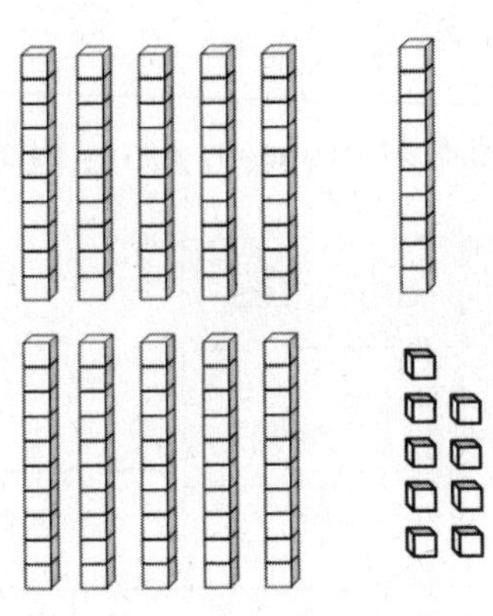

decenas	unidades

____

7.

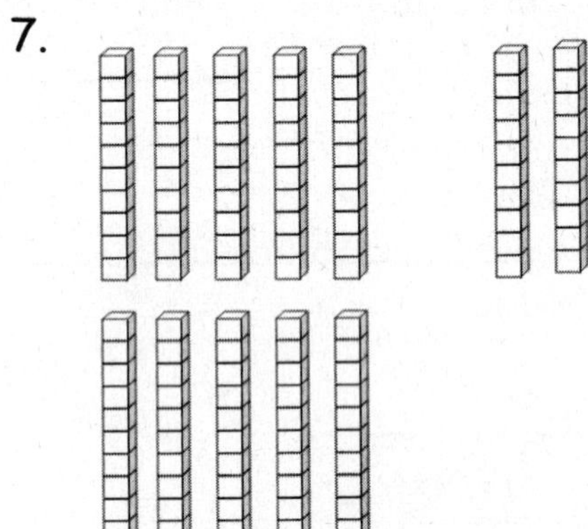

decenas	unidades

____

Usa decenas rápidas y unidades para representar los siguientes números. Escribe el número en la línea.

8. _____

decenas	unidades
10	9

9. _____

decenas	unidades
12	0

Nombre ________________________ Fecha ____________

Cuenta los objetos. Rellena la tabla de valor posicional y escribe el número en la línea.

1.

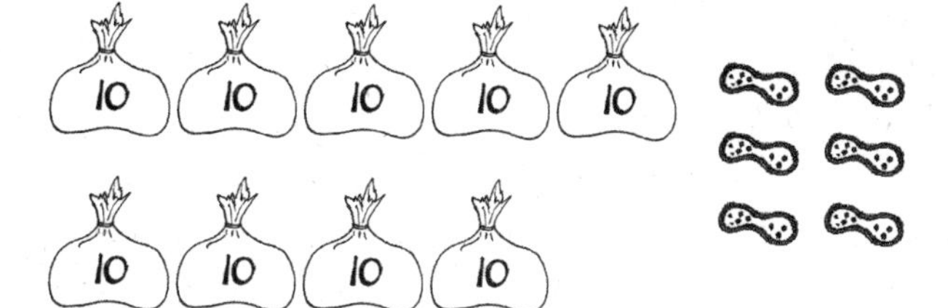

decenas	unidades

______

2.

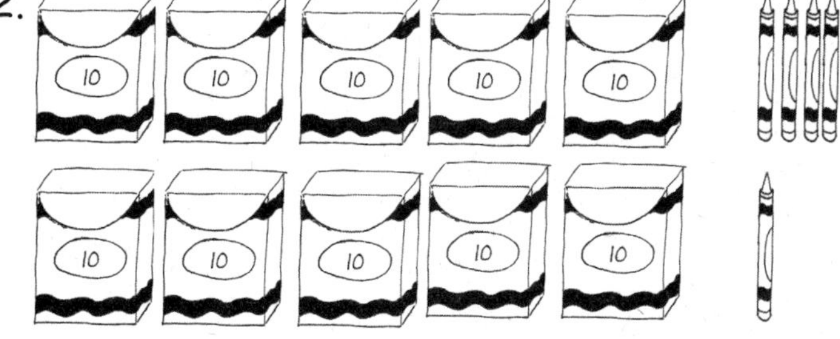

decenas	unidades

______

3.

decenas	unidades

______

4.

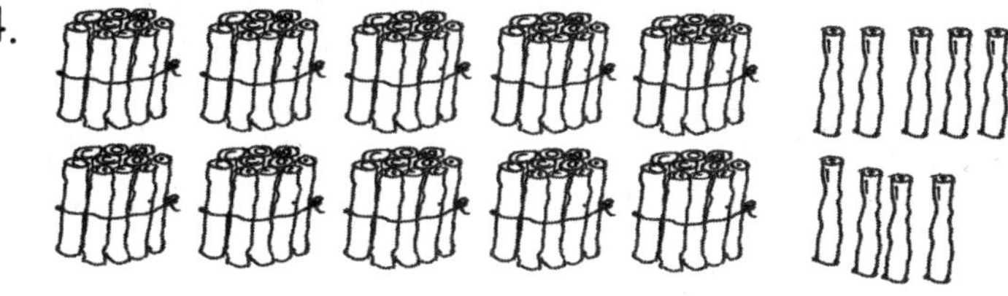

decenas	unidades

______

5.

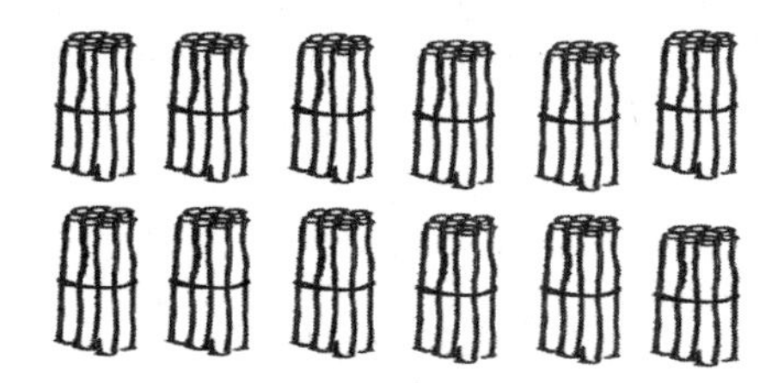

decenas	unidades

______

6.

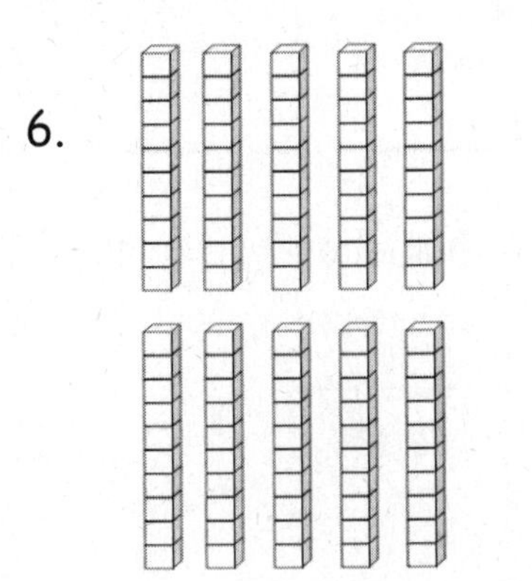

decenas	unidades

______

7.

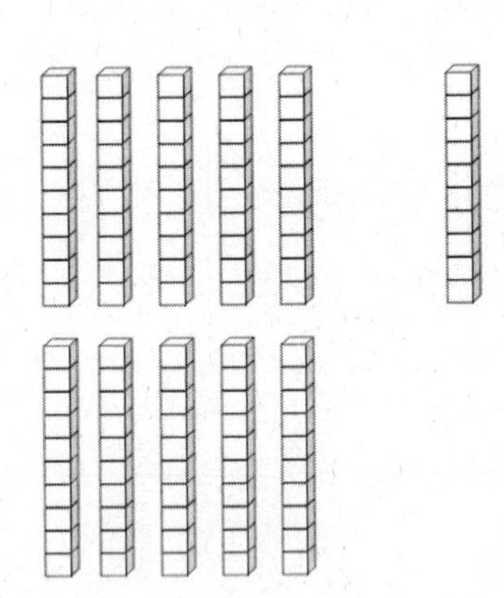

decenas	unidades

______

Usa decenas rápidas y unidades para representar los siguientes números.
Escribe el número en la línea.

8. ______

decenas	unidades
11	0

9. ______

decenas	unidades
10	5

Nombre ______________________________ Fecha ________________

Completa los vínculos numéricos y los enunciados numéricos para que coincidan con la imagen.

1.

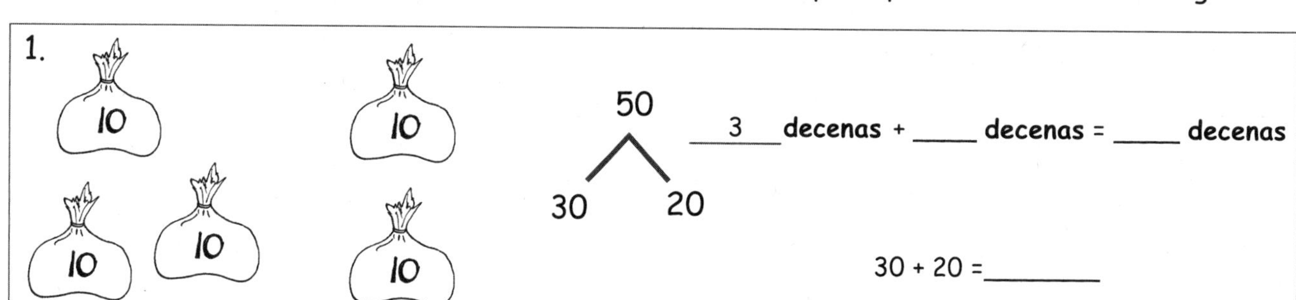

__3__ decenas + ____ decenas = ____ decenas

30 + 20 = ______

2.

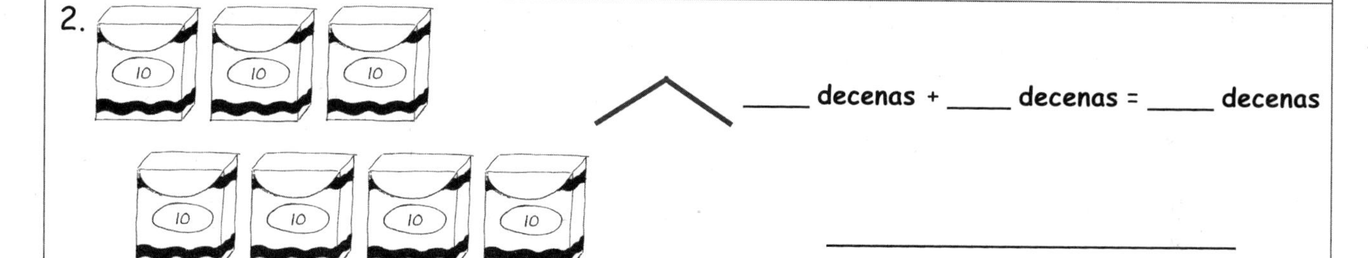

____ decenas + ____ decenas = ____ decenas

____

3.

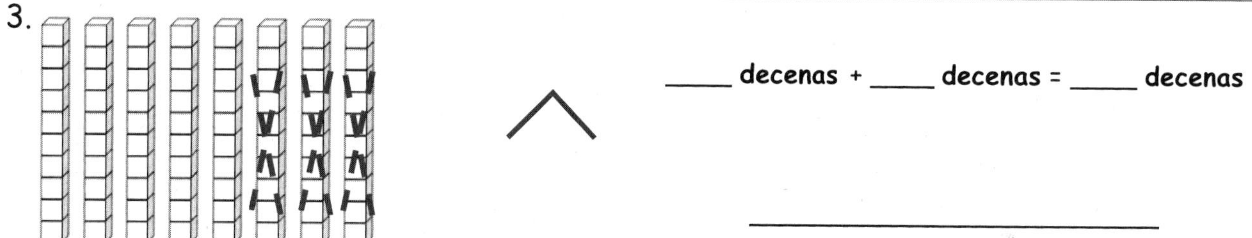

____ decenas + ____ decenas = ____ decenas

____

4.

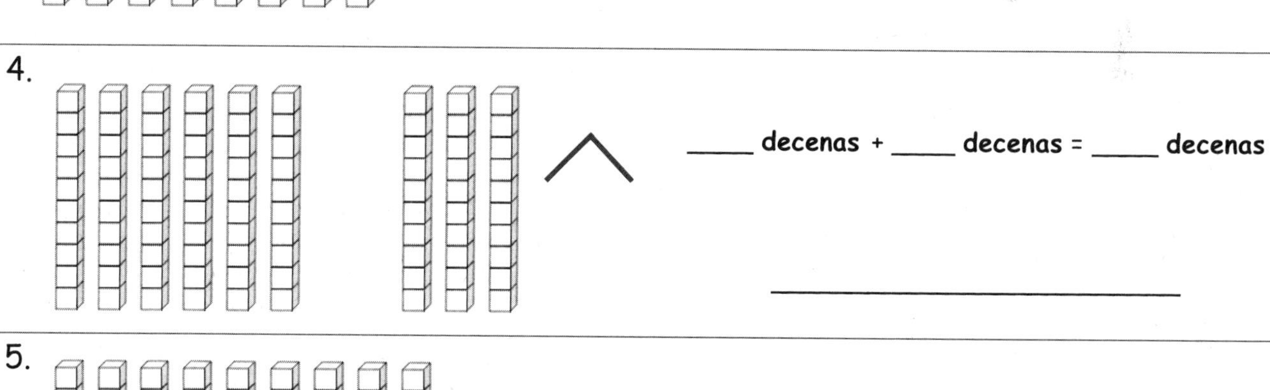

____ decenas + ____ decenas = ____ decenas

____

5.

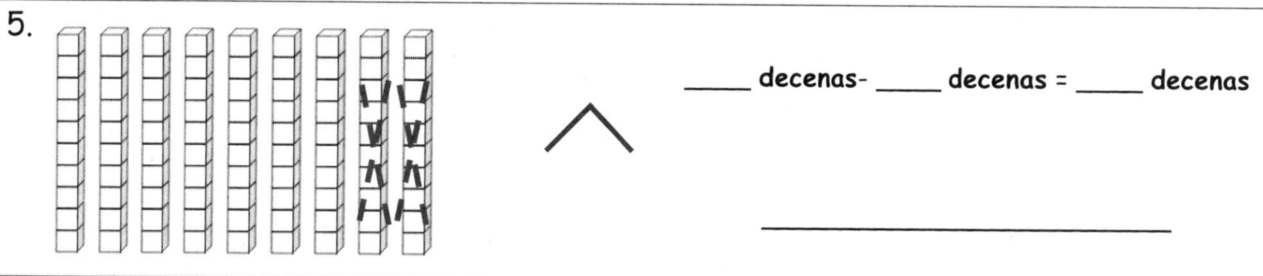

____ decenas- ____ decenas = ____ decenas

____

Cuenta las monedas de 10 centavos para sumar o restar. Escribe un enunciado numérico para relacionar el valor de las monedas de 10 centavos.

6.     +  

40 + 20 = ______________________

7.    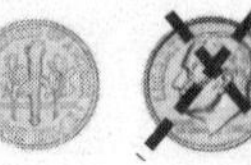 

____

8.     +  

____

9.     

____

10.  

____

11. Llena los números que faltan.

a. 40 + 40 = ______ b. 50 - 30 = ______ c. 10 + ______ = 70

d. 60 - ______ = 0 e. 90 - ______ = 10 f. 70 + ______ = 90

g. 50 + 40 = ______ h. 100 - 30 = ______ i. 100 - ______ = 70

Nombre ______________________________ Fecha ______________

1. Completa el vínculo numérico o enunciado numérico y dibuja una línea hacia la imagen que coincide.

a.

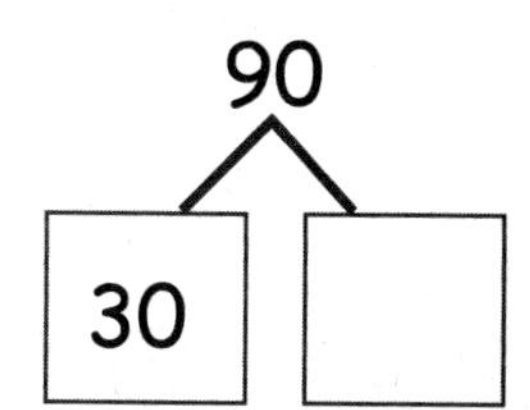

b.

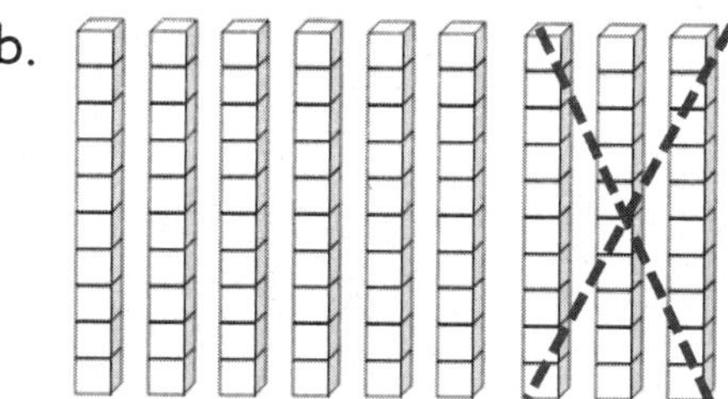

_____ - 40 = 60

c.

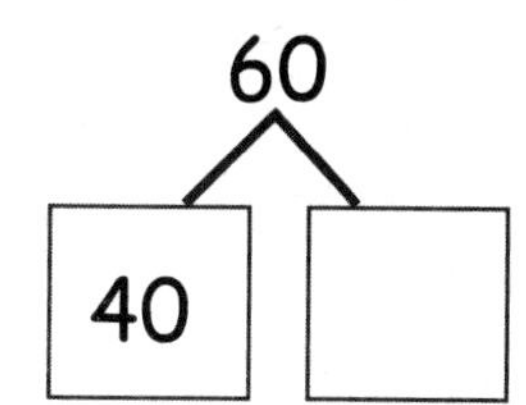

d.

80 - _____ = 60

2. Cuenta las monedas de 10 centavos para sumar o restar. Escribe un enunciado numérico que coincida con las monedas de 10 centavos.

a.

    +  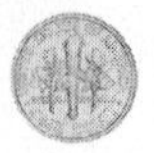

40 + 20 = ________________

b.

____

c.

____

d.

____

3. Llena los números que faltan.

a. 70 + ______ = 90

b. ______ + 30 = 80

c. 100 - ______ = 20

d. 30 + 60 = ______

e. 70 - ______ = 20

f. 20 + ______ = 60

g. ______ - 20 = 60

h. 90 - ______ = 20

i. 50 + ______ = 100

____ ◯ ____ ◯ ____

____ decenas ◯ ____ decenas ◯ ____ decenas

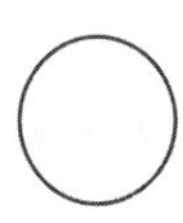

____ ◯ ____ ◯ ____

Grupo de vínculo numérico/enunciado numérico

Esta página se dejó en blanco intencionalmente

Nombre ______________________________ Fecha ______________

Resuelve usando las imágenes. Completa el enunciado numérico para que coincida.

1.

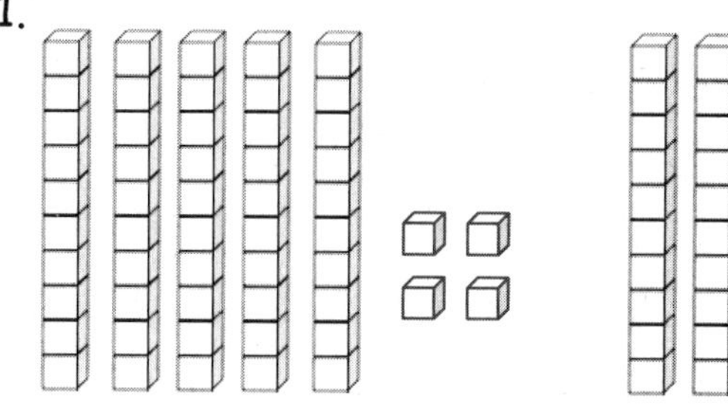

_____ + _____ = _____

2.

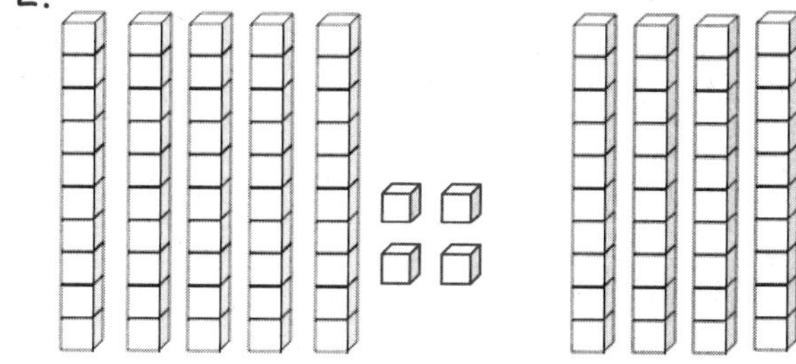

_____ + _____ = _____

3.

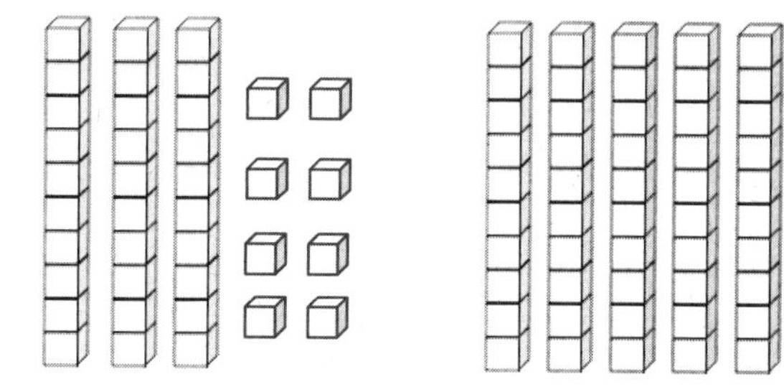

_____ + _____ = _____

4.

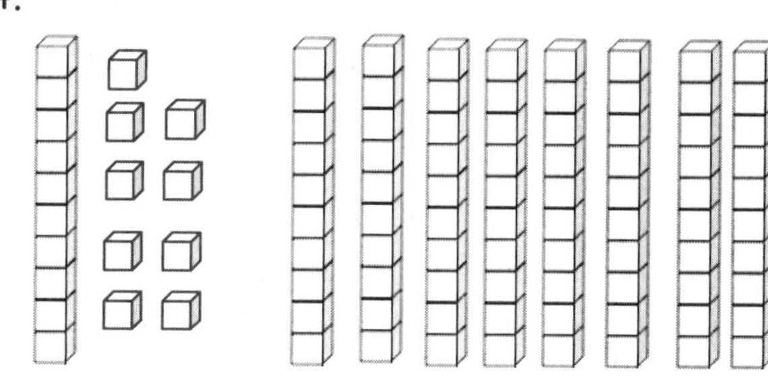

_____ + _____ = _____

5. Resuelve.

a. 47 + 40 = ______	b. 57 + 30 = ______
c. 35 + 30 = ______	d. 35 + 50 = ______
e. 30 + 63 = ______	f. 40 + 39 = ______

6. Resuelve y explica tu razonamiento a un compañero.

a. 2 + 50 = _____

b. 58 + 40 = _____

c. 48 + _____ = 98

d. 60 + _____ = 86

Nombre ______________________________ Fecha ______________

1. Resuelve usando las imágenes. Completa el enunciado numérico para que coincida.

a.

_____ + _____ = _____

b.

_____ + _____ = _____

c.

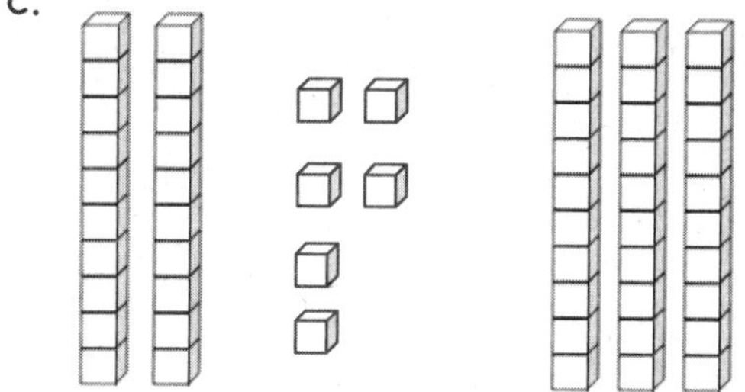

_____ + _____ = _____

d.

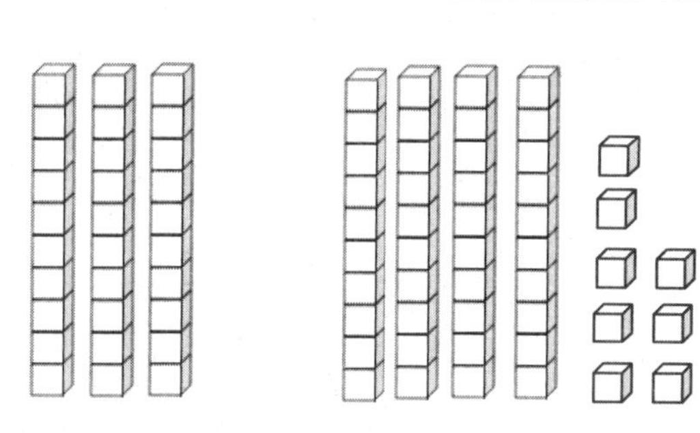

_____ + _____ = _____

64 + 30 = 94
4 60
60 + 30 = 90
90 + 4 = 94

2. Usa vínculos numéricos para resolver.

a. 38 + 40 = ______	b. 54 + 30 = ______
c. 46 + 40 = ______	d. 30 + 57 = ______
e. 20 + 68 = ______	f. 25 + 70 = ______

3. Resuelve. Puedes usar vínculos numéricos para ayudarte.

a. 72 + 20 = ______

b. 48 + 50 = ______

c. 46 + ______ = 96

d. ______ + 40 = 87

Nombre ______________________ Fecha ____________

1. Resuelve.

a. 84 + 12 = _____	b. 71 + 26 = _____
c. 57 + 22 = _____	d. 59 + 41 = _____
e. 35 + 65 = _____	f. 26 + 54 = _____
g. 57 + 42 = _____	h. 37 + 63 = _____

2. Resuelve.

a. 45 + 13 = _____	b. 45 + 23 = _____
c. 21 + 27 = _____	d. 27 + 23 = _____
e. 48 + 32 = _____	f. 48 + 52 = _____
g. 34 + 65 = _____	h. 46 + 43 = _____

Nombre ______________________ Fecha ____________

1. Resuelve.

a. 46 + 22 = _____	b. 74 + 23 = _____
c. 54 + 25 = _____	d. 68 + 31 = _____
e. 45 + 55 = _____	f. 86 + 13 = _____
g. 37 + 52 = _____	h. 47 + 52 = _____

2. Resuelve usando vínculos numéricos. Puedes decidir sumar las unidades o decenas primero. Escribe los dos enunciados numéricos para mostrar lo que hiciste.

a. 76 + 23 = _____	b. 45 + 33 = _____
c. 31 + 67 = _____	d. 57 + 32 = _____
e. 58 + 21 = _____	f. 25 + 63 = _____
g. 44 + 55 = _____	h. 47 + 53 = _____

Nombre ______________________________ Fecha ____________

1. Resuelve y muestra tu trabajo.

a. 79 + 12 = ______	b. 59 + 32 = ______
c. 38 + 45 = ______	d. 36 + 47 = ______
e. 48 + 45 = ______	f. 57 + 34 = ______

2. Resuelve y muestra tu trabajo.

a. 24 + 37 = ________	b. 48 + 45 = ________
c. 29 + 67 = ________	d. 48 + 34 = ________
e. 69 + 27 = ________	f. 78 + 17 = ________

Nombre ______________________ Fecha ____________

1. Resuelve y muestra tu trabajo.

a. 15 + 26 = ______	b. 46 + 49 = ______	c. 28 + 54 = ______
d. 69 + 13 = ______	e. 69 + 23 = ______	f. 69 + 19 = ______
g. 49 + 43 = ______	h. 57 + 36 = ______	i. 68 + 23 = ______

2. Resuelve y muestra tu trabajo.

a. 34 + 47 = ________	b. 38 + 45 = ________	c. 68 + 23 = ________
d. 39 + 57 = ________	e. 38 + 44 = ________	f. 17 + 76 = ________
g. 68 + 24 = ________	h. 18 + 77 = ________	i. 14 + 67 = ________

Nombre ______________________________ Fecha ______________

1. Resuelve y muestra tu trabajo.

a. 48 + 21 = ____	b. 48 + 22 = ____
c. 39 + 43 = ____	d. 48 + 34 = ____
e. 77 + 14 = ____	f. 67 + 27 = ____
g. 58 + 37 = ____	h. 68 + 29 = ____

2. Resuelve y muestra tu trabajo.

a. 39 + 31 = ____	b. 58 + 23 = ____
c. 77 + 23 = ____	d. 69 + 26 = ____
e. 68 + 25 = ____	f. 45 + 37 = ____
g. 59 + 39 = ____	h. 58 + 38 = ____

Nombre ______________________________ Fecha ____________

1. Resuelve y muestra tu trabajo.

a. 68 + 21 = ____	b. 59 + 32 = ____
c. 39 + 44 = ____	d. 58 + 36 = ____
e. 76 + 17 = ____	f. 68 + 26 = ____
g. 56 + 39 = ____	h. 58 + 29 = ____

2. Resuelve y muestra tu trabajo.

a. 39 + 41 = _____	b. 48 + 43 = _____
c. 87 + 13 = _____	d. 59 + 25 = _____
e. 65 + 27 = _____	f. 27 + 67 = _____
g. 49 + 39 = _____	h. 38 + 58 = _____

Nombre ______________________________ Fecha ____________

1. Resuelve usando decenas rápidas y dibujos de unidades. Recuerda alinear decenas con decenas y unidades con unidades. Escribe el total debajo de tu dibujo.

a. 29 + 42 = ____ 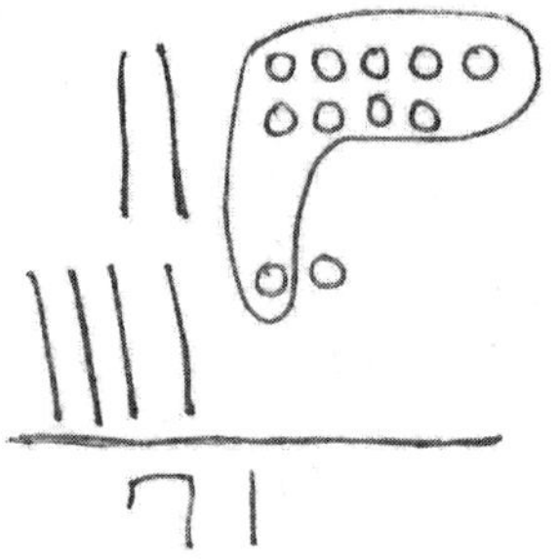	b. 39 + 54 = ____
c. 41 + 38 = ____	d. 58 + 24 = ____
e. 47 + 46 = ____	f. 48 + 29 = ____

2. Resuelve usando decenas rápidas y unidades. Recuerda alinear decenas con decenas

y unidades con unidades. Escribe el total debajo de tu dibujo.

a. 49 + 22 = ____	b. 38 + 62 = ____
c. 59 + 23 = ____	d. 68 + 14 = ____
e. 46 + 36 = ____	f. 69 + 26 = ____

Nombre ______________________________ Fecha ______________

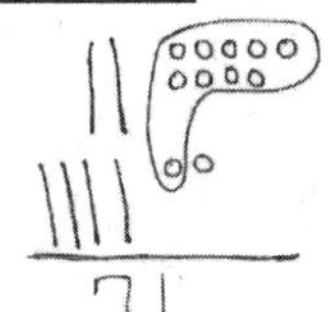

1. Resuelve usando decenas rápidas y dibujos de unidades. Recuerda alinear decenas con decenas y unidades con unidades. Escribe el total debajo de tu dibujo.

a. 39 + 42 = _____	b. 48 + 36 = _____
c. 31 + 48 = _____	d. 47 + 34 = _____
e. 57 + 39 = _____	f. 58 + 27 = _____

2. Resuelve usando decenas rápidas y unidades. Recuerda alinear decenas con decenas y unidades con unidades. Escribe el total debajo de tu dibujo.

a. 59 + 25 = _____	b. 48 + 42 = _____
c. 39 + 53 = _____	d. 78 + 14 = _____
e. 57 + 25 = _____	f. 69 + 27 = _____

Nombre ______________________________ Fecha ______________

1. Resuelve usando decenas rápidas y dibujos de unidades. Recuerda alinear tu dibujo y escribir de nuevo el enunciado numérico verticalmente.

a. 29 + 43 = ____ 72 29 + 43 72	b. 34 + 49 = ____
c. 45 + 39 = ____	d. 54 + 25 = ____
e. 47 + 36 = ____	f. 54 + 46 = ____

2. Resuelve usando decenas rápidas y unidades. Recuerda alinear tus dibujos y escribir de nuevo el enunciado numérico verticalmente.

a. 39 + 24 = ____	b. 58 + 36 = ____
c. 55 + 37 = ____	d. 59 + 36 = ____
e. 37 + 58 = ____	f. 68 + 29 = ____

Nombre ______________________ Fecha ____________

1. Resuelve usando decenas rápidas y dibujos de unidades. Recuerda alinear tus dibujos y escribir de nuevo el enunciado numérico verticalmente.

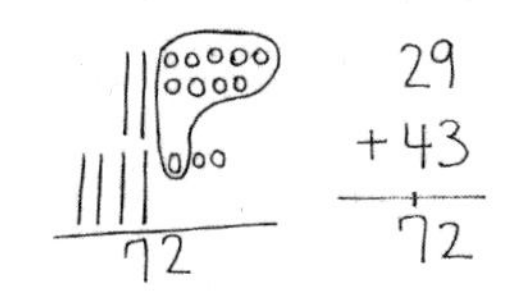

a. 39 + 45 = ____	b. 64 + 28 = ____
c. 47 + 38 = ____	d. 53 + 27 = ____
e. 38 + 48 = ____	f. 53 + 45 = ____

2. Resuelve usando decenas rápidas y unidades. Recuerda alinear tu dibujo y escribir de nuevo el enunciado numérico verticalmente.

a. 79 + 14 = ____	b. 28 + 47 = ____
c. 58 + 33 = ____	d. 19 + 66 = ____
e. 39 + 59 = ____	f. 49 + 48 = ____

decenas	unidades

Registro de decenas y unidades

Esta página se dejó en blanco intencionalmente

Nombre ________________________ Fecha ____________

1. Resuelve usando decenas rápidas y dibujos de unidades. Recuerda alinear tus decenas y unidades y escribir de nuevo el enunciado numérico verticalmente.

a. 39 + 52 = ____	b. 48 + 42 = ____
c. 47 + 42 = ____	d. 47 + 47 = ____
e. 68 + 17 = ____	f. 68 + 29 = ____

2. Resuelve usando decenas rápidas y dibujos de unidades. Recuerda alinear tus decenas y unidades y escribir de nuevo el enunciado numérico verticalmente.

a. 39 + 32 = ____	b. 48 + 31 = ____
c. 43 + 49 = ____	d. 57 + 38 = ____
e. 61 + 39 = ____	f. 68 + 25 = ____

Nombre ______________________________ Fecha ____________

1. Resuelve usando decenas rápidas y dibujos de unidades. Recuerda alinear tus decenas y unidades y escribir de nuevo el enunciado numérico verticalmente.

a. 49 + 33 = ____	b. 68 + 32 = ____
c. 36 + 43 = ____	d. 27 + 67 = ____
e. 78 + 17 = ____	f. 69 + 28 = ____

2. Resuelve usando decenas rápidas y dibujos de unidades. Recuerda alinear tus decenas y unidades y escribir de nuevo el enunciado numérico verticalmente.

a. 29 + 52 = ____	b. 58 + 31 = ____
c. 73 + 26 = ____	d. 67 + 28 = ____
e. 41 + 59 = ____	f. 48 + 45 = ____

Nombre _______________________________ Fecha ____________

Usa cualquier método que prefieras para resolver los siguientes problemas.

1. $74 + 21 =$ _____	2. $79 + 21 =$ _____
3. $46 + 34 =$ _____	4. $58 + 34 =$ _____
5. $35 + 14 =$ _____	6. $35 + 18 =$ _____

Nombre ______________________________ Fecha ______________

Usa cualquier método que prefieras para resolver los siguientes problemas.

1. 61 + 15 = _____	2. 16 + 51 = _____
3. 37 + 45 = _____	4. 27 + 46 = _____
5. 58 + 27 = _____	6. 38 + 48 = _____

Nombre ______________________________ Fecha ______________

Usa la estrategia que prefieras para resolver los siguientes problemas.

1. $43 + 21 =$ _____	2. $43 + 41 =$ _____
3. $62 + 38 =$ _____	4. $52 + 48 =$ _____
5. $75 + 14 =$ _____	6. $75 + 16 =$ _____

Usa la estrategia que prefieras para resolver los siguientes problemas.

7. $29 + 54 =$ ______	8. $27 + 54 =$ ______
9. $38 + 23 =$ ______	10. $58 + 36 =$ ______
11. $49 + 19 =$ ______	12. $28 + 69 =$ ______

Nombre ______________________________ Fecha ______________

Usa la estrategia que prefieras para resolver los siguientes problemas.

1. $53 + 22 =$ _____	2. $23 + 52 =$ _____
3. $76 + 14 =$ _____	4. $76 + 16 =$ _____
5. $55 + 35 =$ _____	6. $54 + 46 =$ _____

Usa la estrategia que prefieras para resolver los siguientes problemas.

7. $49 + 25 =$ ______	8. $49 + 45 =$ ______
9. $37 + 37 =$ ______	10. $37 + 57 =$ ______
11. $24 + 48 =$ ______	12. $26 + 68 =$ ______

Nombre ______________________________ Fecha ____________

1. Usa el banco de palabras para nombrar la moneda. Se muestra la parte frontal y trasera de la moneda.

moneda de 1 centavo
moneda de 5 centavos
moneda de 1 centavo

a. ____________ b. ____________ c. ____________

2. Dibuja más monedas de 1 centavo para mostrar el valor de cada moneda.

a.

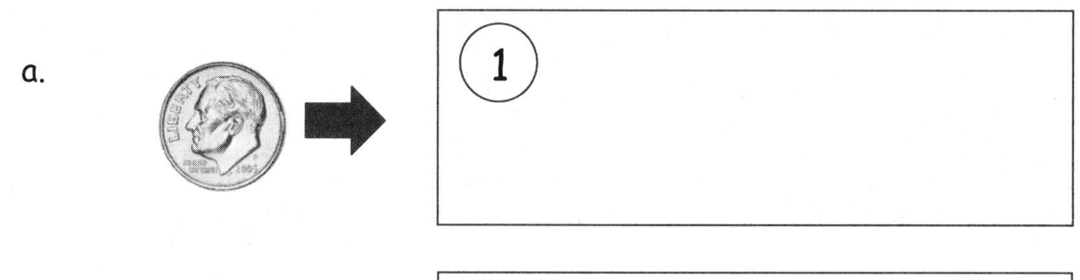

b.

3. Kim tiene 5 centavos en su mano. Tacha con una x la mano que no puede ser la de Tamra.

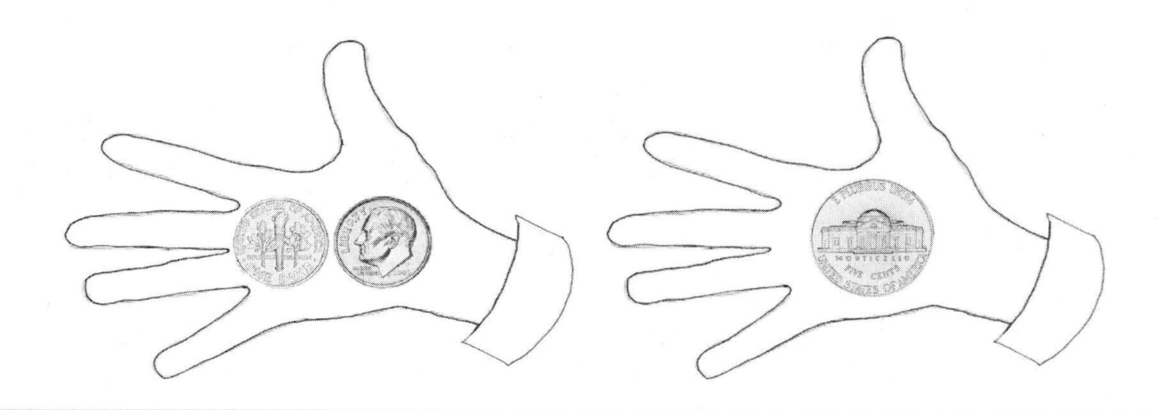

4. Anton tiene 10 centavos en su bolsillo. Una de sus monedas es de 5 centavos. Dibuja monedas para mostrar dos formas diferentes en que él podría tener diez centavos con las monedas que tiene en su bolsillo.

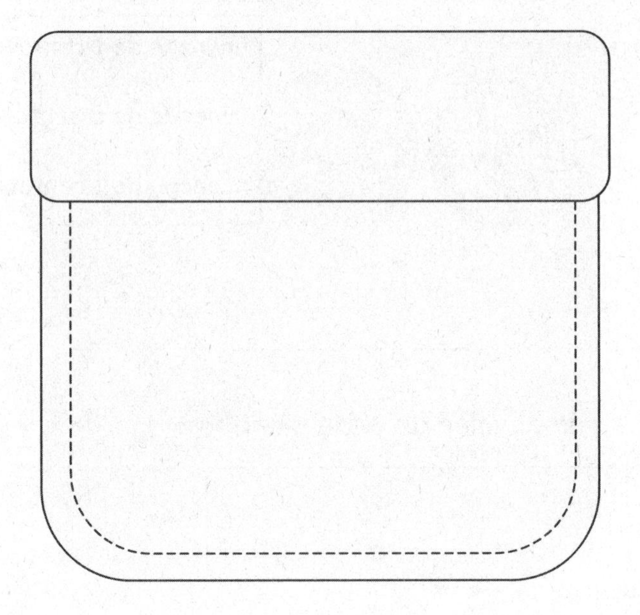

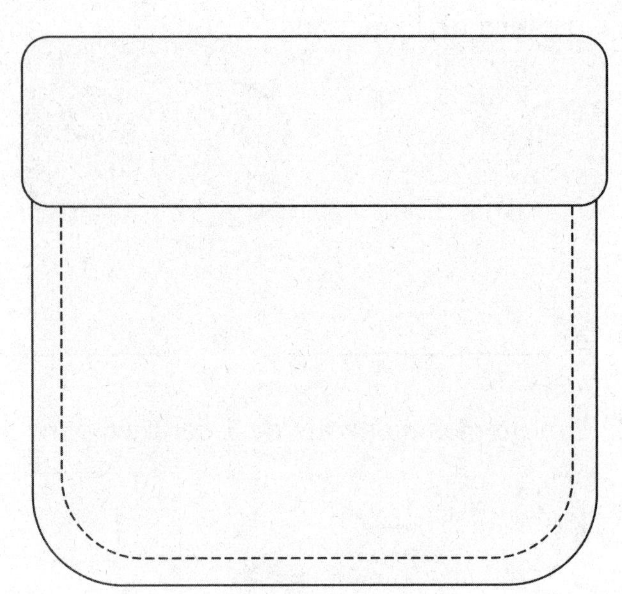

5. Emi dice que tiene más dinero que Kiana. ¿Está en lo correcto? ¿Por qué sí o por qué no?

El dinero de Emi

El dinero de Kiana

Emi está en lo correcto/no está en lo correcto porque ______________________

____

Nombre ______________________________ Fecha ______________

1. Relaciona.

 • **moneda de 1 centavo** • 

 • **moneda de 5 centavos** • 

 • **moneda de 1 centavo** • 

2. Tacha algunas monedas de 1 centavo para que las restantes monedas de 1 centavo muestren el valor de la moneda a su izquierda.

a.

b.

3. María tiene 5 centavos en su bolsillo. Dibuja monedas para mostrar dos formas diferentes en que ella podría tener 5 centavos.

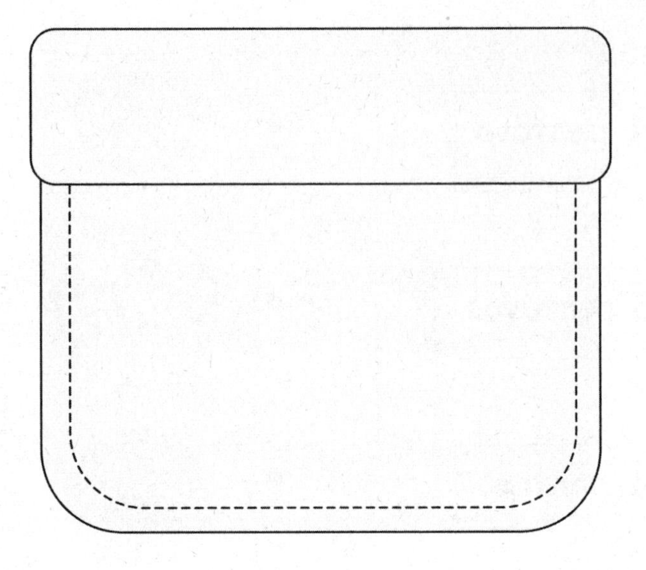
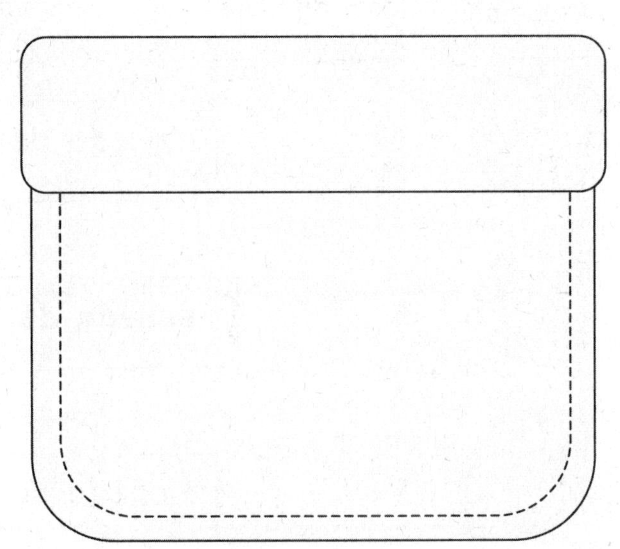

4. Resuelve. Dibuja una línea para que el enunciado numérico coincida con la moneda (o monedas) que dan la respuesta.

a. 10 centavos + 10 centavos = _____ centavos

b. 10 centavos - 5 centavos = _____ centavos

c. 20 centavos – 10 centavos = _____ centavos

d. 9 centavos – 8 centavos = _____ centavos

Nombre ______________________________ Fecha ______________

1. Usa combinaciones diferentes de monedas para hacer 25 centavos.

a.	_____ monedas de 1 centavo	
b.	_____ monedas de 10 centavos _____ monedas de 1 centavo	
c.	_____ monedas de 10 centavos _____ monedas de 5 centavos	
d.	_____ monedas de 5 centavos _____ monedas de 1 centavo	
e.	_____ monedas de 5 centavos	
f.	_____ moneda de 25 centavos	

2. Usa el banco de palabras para nombrar las monedas.

1 centavo	5 centavos	10 centavos	25 centavos

a. ____________ b. ____________ c. ____________ d. ____________

3. Dibuja diferentes monedas para mostrar el valor de la moneda mostrada.

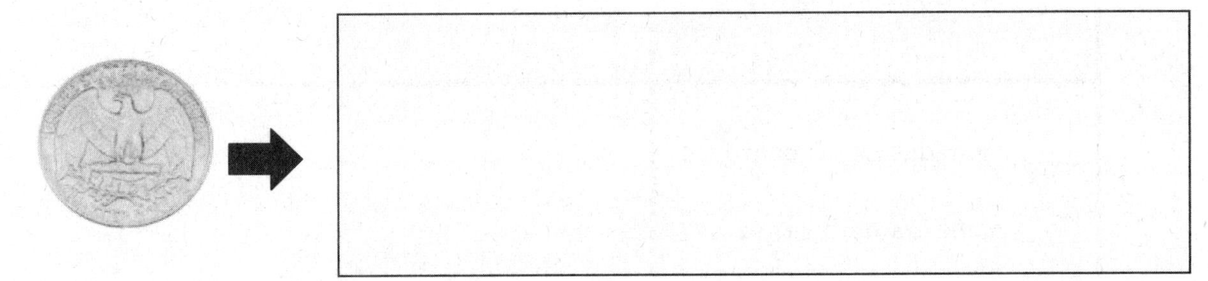

4. Relaciona las combinaciones de moneda con la moneda con el mismo valor.

a.  •  • 

b.  • • 

c.  • • 

Nombre ______________________________ Fecha ______________

1. Usa el banco de palabras para nombrar las monedas.

10 centavos	5 centavos	1 centavo	25 centavos

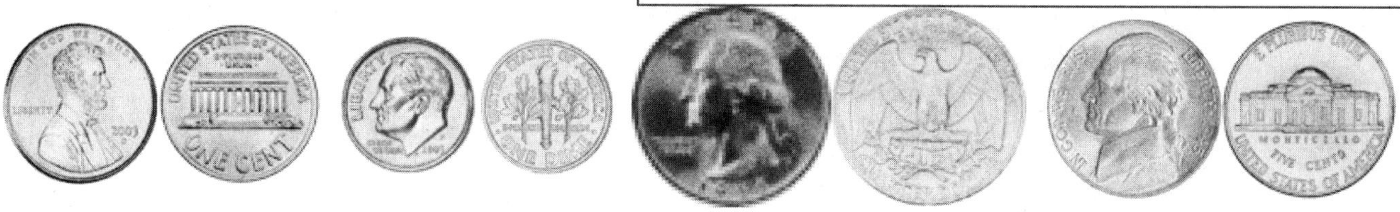

a. ____________ b. ____________ c. ____________ d. ____________

2. Escribe el valor cada moneda.
   a. El valor de una moneda de 10 centavos es _______ centavo(s).
   b. El valor de una moneda de 1 centavo es _______ centavo.
   c. El valor de una moneda de 5 centavos es _______ centavo(s).
   d. El valor de una moneda de 25 centavos es _______ centavo(s).

3. Tu mamá dijo que te dará 1 moneda de 5 centavos o 1 de 25 centavos. ¿Cuál tomarías y por qué?

____

____

____

____

4. Lee tiene 25 centavos en su alcancía. ¿Qué moneda o monedas podrían estar en su banco?

a. Dibuja para mostrar las monedas que podrían estar en el banco de Lee.

b. Dibuja un conjunto diferente de monedas que podrían estar en el banco de Lee.

Nombre ______________________________ Fecha ______________

1. Usa el banco de palabras para nombrar las monedas.

25 centavos	10 centavos	5 centavos	1 centavo

a. ____________ b. ____________ c. ____________ d. ____________

2. Relaciona combinaciones de monedas con la moneda a la derecha con el mismo valor.

a.

b.

c.

3. Tamra tiene 25 centavos en su mano. Tacha con una x la mano que no puede ser la de Tamra.

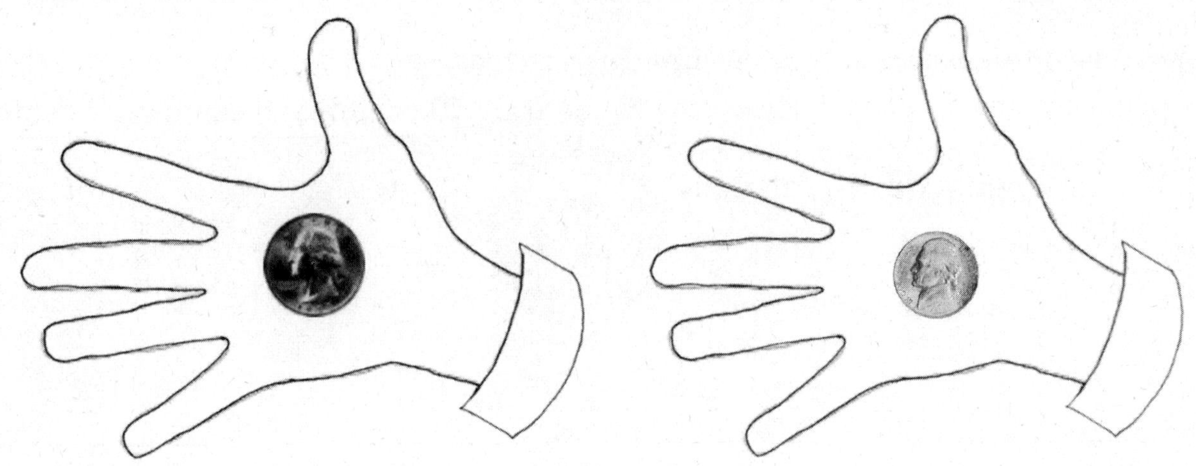

4. Ben cree que tiene más dinero que Peter. ¿Está en lo correcto? ¿Por qué sí o por qué no?

Dinero de Ben **Dinero de Peter**

Ben es ____________________ porque ____

____

5. Resuelve. Relaciona cada afirmación con la moneda que muestra el valor de la respuesta.

a. 5 monedas de 1 centavo = _____ centavos •

b. 6 centavos + 4 centavos = _____ centavos •

c. 1 moneda de 25 centavos = _____ centavos •

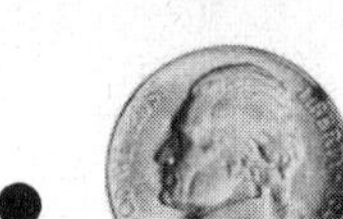

d. 6 centavos - 5 centavos = _____ centavo(s) •

Nombre _______________________________________ Fecha ______________

1. Relaciona el nombre con las monedas correctas y escribe el valor. Habrá más de una relación para cada nombre de moneda.

a. **moneda de 5 centavos**

_________ centavos

b. **moneda de 1 centavo**

_________ centavos

c. **moneda de 25 centavos**

_________ centavos

d. **moneda de 1 centavo**

_________ centavo

2. Lee tiene una moneda en su bolsillo y Pedro tiene 3 monedas. Pedro tiene más dinero que Lee. Dibuja una imagen para mostrar las monedas que cada niño podría tener.

Bolsillo de Lee **Bolsillo de Pedro**

3. Bailey tiene 4 monedas en su bolsillo e Ingrid tiene 4 monedas. Ingrid tiene más dinero que Bailey. Dibuja una imagen para mostrar las monedas que cada niña podría tener.

Bolsillo de Bailey **Bolsillo de Ingrid**

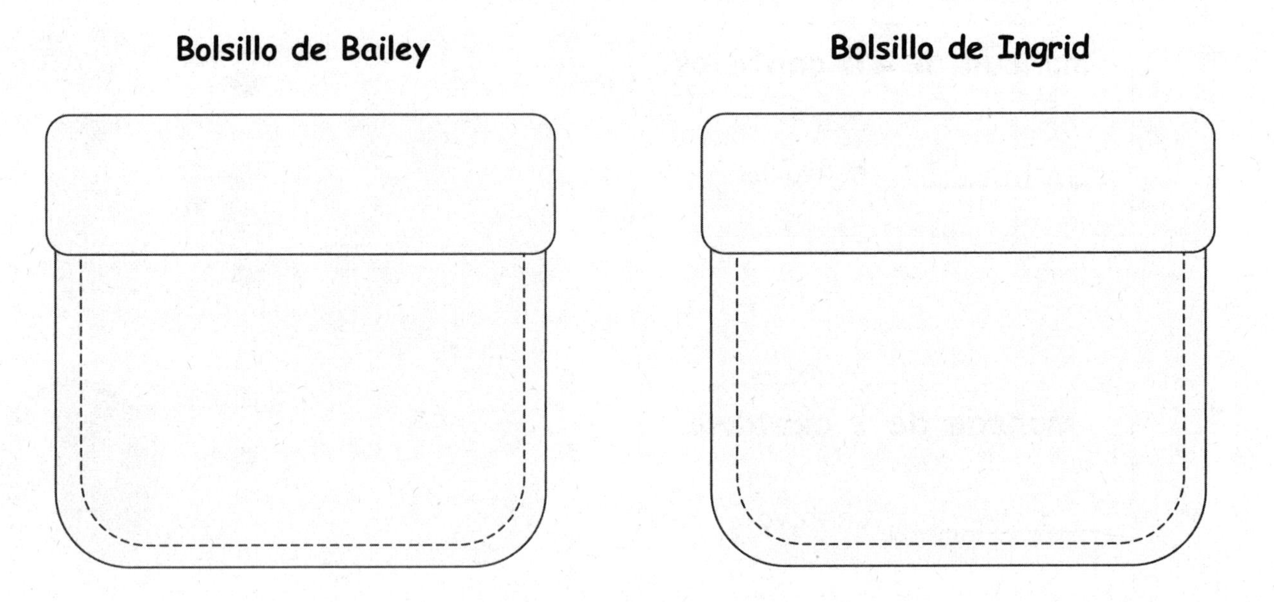

Nombre ______________________________ Fecha ______________

1. Agrega monedas de 1 centavo para mostrar la cantidad escrita.

a.	8 centavos	
b.	30 centavos	
c.	10 centavos	
d.	18 centavos	

2. Escribe el valor de cada grupo de monedas.

a.

_____ centavos

b.

___ centavos

c.

___ centavos

d.

___ centavos

e.

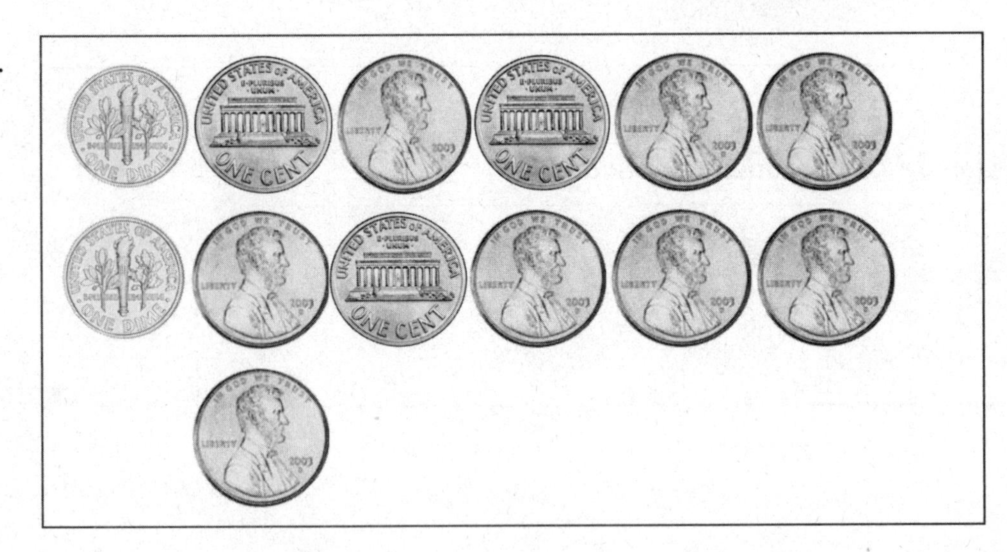

___ centavos

Nombre ______________________________ Fecha ______________

1. Agrega monedas de 1 centavo para mostrar la cantidad escrita.

a.	15 centavos	
b.	28 centavos	
c.	22 centavos	
d.	32 centavos	

2. Escribe el valor de cada grupo de monedas.

a.

____ centavos

b.

___ centavos

c.

___ centavos

d.

___ centavos

e.

___ centavos

Nombre ______________________________ Fecha ____________

1. Encuentra el valor de cada conjunto de monedas. Completa la tabla de valor posicional para que coincida.
Escribe un enunciado de suma para agregar el valor de las monedas de 10 centavos y el valor de las monedas de 1 centavo.

a.

decenas	unidades

____

b.

decenas	unidades

____

c.

decenas	unidades

____

2. Comprueba el conjunto que muestra la cantidad correcta. Rellena la tabla de valor posicional para relacionar.

a. 80 centavos

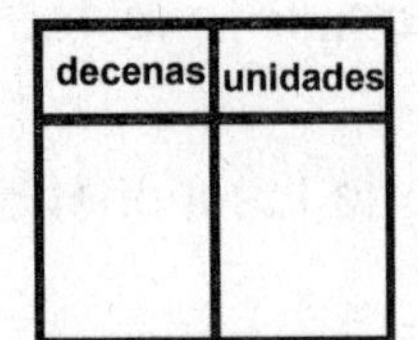

decenas	unidades

b. 100 centavos

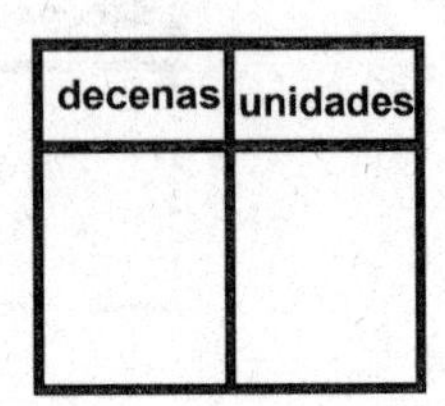

decenas	unidades

3. Dibuja 58 centavos usando monedas de 1 y 10 centavos. Rellena la tabla de valor posicional.

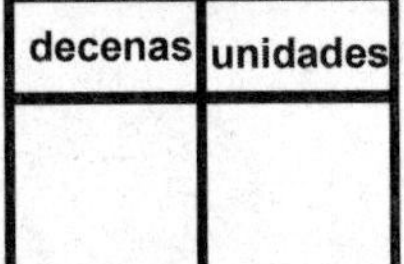

decenas	unidades

Nombre ______________________________ Fecha ______________

1. Encuentra el valor de cada conjunto de monedas. Completa la tabla de valor posicional.
   Escribe un enunciado de suma para sumar el valor de las monedas de 10 centavos y el valor de las monedas de 1 centavo.

a.

decenas	unidades

____

b.

decenas	unidades

____

c.

decenas	unidades

____

2. Comprueba el conjunto que muestra la cantidad correcta. Rellena la tabla de valor posicional para relacionar.

110 centavos

decenas	unidades

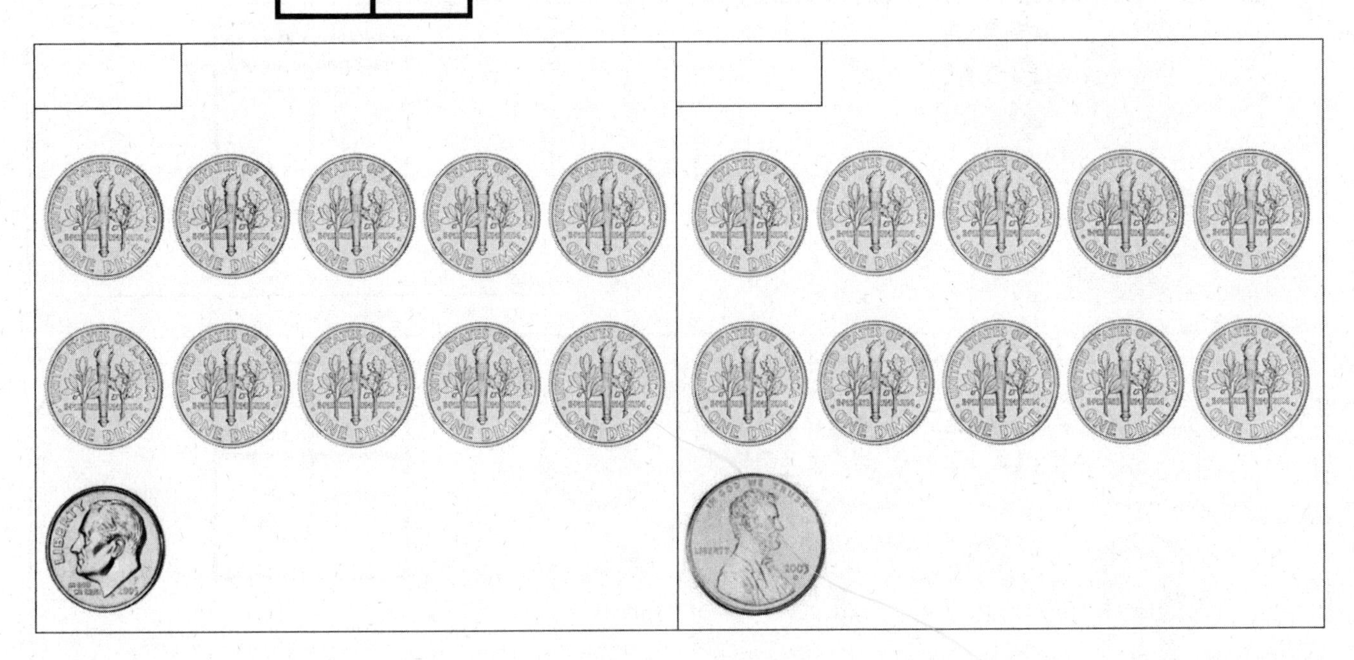

3. a. Dibuja 79 centavos usando monedas de 10 centavos y de 1 centavo. Llena la tabla de valor posicional para que coincida.

decenas	unidades

b. Dibuja 118 centavos usando monedas de 10 centavos y de 1 centavo. Llena la tabla de valor posicional para que coincida.

decenas	unidades

Nombre ______________________________ Fecha______________

Lee de nuevo el problema escrito.
Dibuja un diagrama de cinta o diagrama de cinta doble y etiquétalo.
Escribe un enunciado numérico y una afirmación que coincida con la historia.

Diagrama de cinta de muestra

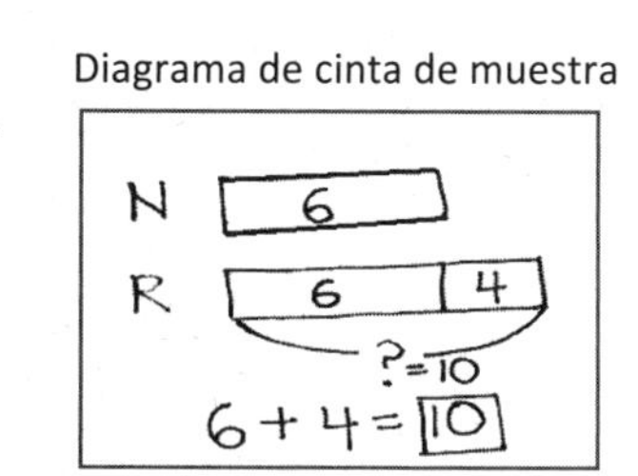

1. Kiana escribió 3 poemas. Ella escribió 7 menos que su hermana Emi. ¿Cuántos poemas escribió Emi?

2. María usó 14 cuentas para hacer una pulsera. María usó 4 cuentas más que Kim. ¿Cuántas cuentas usó Kim para hacer su pulsera?

3. Peter dibujó 19 naves espaciales. Rose dibujó 5 naves espaciales menos que Peter. ¿Cuántas naves espaciales dibujó Rose?

4. Durante el verano, Ben vio 9 películas. Lee vio 4 películas más que Ben. ¿Cuántas películas vio Lee?

---

5. La familia de Anton preparó 10 maletas para las vacaciones. La familia de Anton preparó 3 maletas más que la familia de Fátima. ¿Cuántas maletas preparó la familia de Fátima?

---

6. Willie pintó 9 cuadros menos que Julio. Julio pintó 16 cuadros. ¿Cuántos cuadros pintó Willie?

Nombre ______________________________ Fecha______________

Diagrama de cinta de muestra

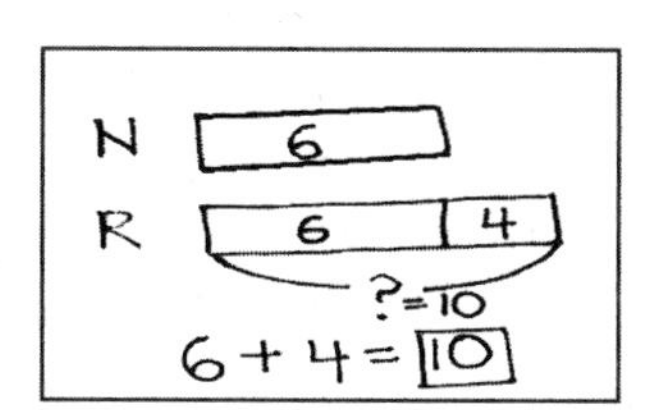

Lee de nuevo el problema escrito.
Dibuja un diagrama de cinta o diagrama de cinta doble y etiquétalo.
Escribe un enunciado numérico y una afirmación que coincida con la historia.

1. Julio escuchó 7 canciones en la radio. Lee escuchó 3 canciones más que Julio. ¿Cuántas canciones escuchó Lee?

---

2. Shanika atrapó 14 mariquitas. Ella atrapó 4 mariquitas más que Willie. ¿Cuántas mariquitas atrapó Willie?

---

3. Rose empaquetó 3 cajas más que su hermana para mudarse a su nueva casa. Su hermana empaquetó 11 cajas. ¿Cuántas cajas empaquetó Rose?

4. Tamra decoró 13 galletas. Tamra decoró 2 galletas menos que Emi. ¿Cuántas galletas decoró Emi?

5. El hermano de Rose golpeó 12 pelotas de tenis. Rose golpeó 6 pelotas de tenis menos que su hermano. ¿Cuántas pelotas de tenis golpeó Rose?

6. Con su cámara, Darnel tomó 5 fotos más que Kiana. Él tomó 13 fotos. ¿Cuántas fotos tomó Kiana?

Nombre ______________________________ Fecha______________

Diagrama de cinta de muestra

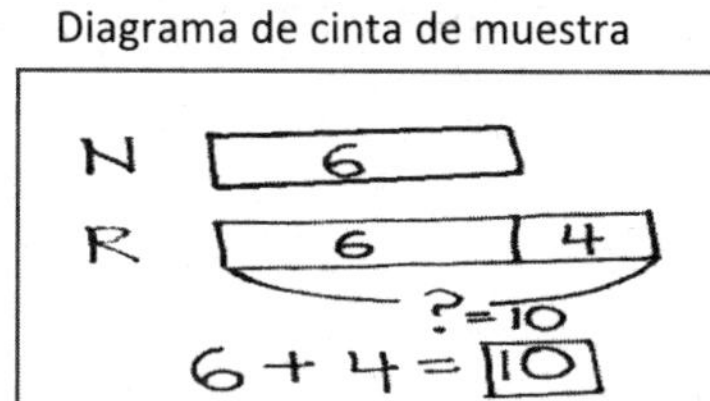

Lee el problema escrito.
Dibuja un diagrama de cinta o diagrama de cinta doble y etiquétalo.
Escribe un enunciado numérico y una afirmación que coincida con la historia.

1. Tony está leyendo un libro de 16 páginas. María está leyendo un libro que tiene 10 páginas. ¿Cuánto más largo es el libro de Tony que el de María?

---

2. Shanika construyó una torre de bloques usando 14 bloques. Tamra construyó una torre usando 5 bloques más que Shanika. ¿Cuántos bloques usó Tamra para construir su torre?

---

3. Darnel caminó 10 minutos para llegar a la casa de Kiana. El siguiente día, Kiana tomó un atajo y caminó a la casa de Darnel en 8 minutos. ¿Cuánto más corta fue la caminata de Kiana en tiempo?

4. Lee ha leído 16 páginas en un libro. Kim leyó 4 páginas menos en su libro. ¿Cuántas páginas leyó Kim?

---

5. El equipo de soccer de Nikil tiene 13 jugadores. Nikil tiene 4 jugadores menos en su equipo que el equipo de Rose. ¿Cuántos jugadores están en el equipo de Rose?

---

6. Después de la cena, Darnel lavó 15 cucharas. Él lavó 9 cucharas más que tenedores. ¿Cuántos tenedores lavó Darnel?

Nombre ________________________________ Fecha ______________

Lee de nuevo el problema escrito.
Dibuja un diagrama de cinta o diagrama de cinta doble y etiquétalo.
Escribe un enunciado numérico y una afirmación que coincida con la historia.

Diagrama de cinta de muestra

N [6]
R [6 | 4]
? = 10
$6 + 4 = \boxed{10}$

1. Fátima camina 15 manzanas desde la escuela. Ben camina 8 manzanas. ¿Cuánto más larga es la caminata de Fátima a casa desde la escuela que la de Ben?

---

2. María compró una canasta con 13 fresas en ella. Darnel compró una canasta con 4 fresas más que María. ¿Cuántas fresas tenía la canasta de Darnel?

---

3. Tamra ha sacado 5 libros de la biblioteca. Kim ha sacado 11 libros de la biblioteca. ¿Cuántos libros menos ha sacado Tamra que Kim?

4. Kiana recogió 12 manzanas del árbol. Ella recogió 6 manzanas menos que Willie. ¿Cuántas manzanas recogió Willie del árbol?

5. Durante el recreo, Emi encontró 16 piedras. Ella encontró 5 piedras más que Peter. ¿Cuántas piedras encontró Peter?

6. El equipo de fútbol de primer grado tiene 12 jugadores. El equipo de primer grado tiene 6 jugadores menos que el equipo de segundo grado. ¿Cuántos jugadores hay en el equipo de segundo grado?

Nombre ______________________________ Fecha______________

Lee el problema escrito.
Dibuja un diagrama de cinta o diagrama de cinta doble y etiquétalo.
Escribe un enunciado numérico y una afirmación que coincida con la historia.

Diagrama de cinta de muestra

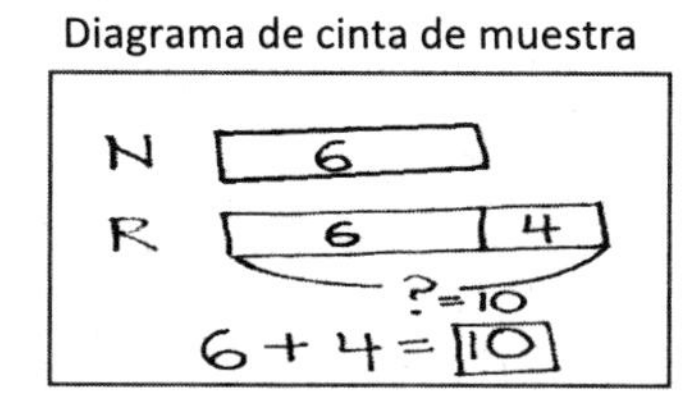

1. Nueve cartas vinieron en el correo el lunes. Algunas cartas más fueron entregadas el martes. Luego, había 13 cartas. ¿Cuántas cartas fueron entregadas el martes?

---

2. Ben y Tamra encontraron un total de 18 semillas en sus rebanadas de sandía. Ben encontró 7 semillas en su rebanada. ¿Cuántas semillas encontró Tamra?

---

3. Algunos niños estaban jugando en el patio de juegos. Ocho niños se les unieron, y ahora hay 14 niños. ¿Cuántos niños estaban en el patio de juegos al inicio?

4. Willie caminó durante 7 minutos. Peter caminó durante 14 minutos. ¿Cuánto más corta fue la caminata de Willie en tiempo?

---

5. Emi vio 12 hormigas caminando en fila. Fran vio 6 hormigas más que Emi. ¿Cuántas hormigas vio Fran?

---

6. Shanika tiene 13 centavos en su bolsillo delantero. Ella tiene 8 centavos menos en su bolsillo trasero. ¿Cuántos centavos tiene Shanika en su bolsillo trasero?

Nombre ______________________________ Fecha ______________

L̲ee el problema escrito.
D̲ibuja un diagrama de cinta o diagrama de cinta doble y etiquételo.
E̲scribe un enunciado numérico y una afirmación que se relacione con la historia.

Diagrama de cinta de muestra

N [6]
R [6 | 4]
? = 10
6 + 4 = [10]

1. Ocho estudiantes hicieron fila para ir a la clase de arte. Algunos más hicieron fila para ir a música. Luego, había 12 estudiantes en fila. ¿Cuántos estudiantes hicieron fila para ir a música?

---

2. Peter paseó su bicicleta 5 manzanas. Rose paseó su bicicleta 13 manzanas. ¿Cuánto más corto fue el paseo de Peter?

---

3. Lee y Anton recolectaron 16 hojas en su caminata. Nueve de las hojas eran de Lee. ¿Cuántas hojas eran de Anton?

4. El equipo contó 11 pelotas de soccer dentro de la red. Ellos contaron 5 pelotas menos de soccer fuera de la red. ¿Cuántas pelotas de soccer estaban fuera de la red?

---

5. Julio vio 14 automóviles pasar por su casa. Julio vio 6 automóviles más que Shanika. ¿Cuántos automóviles vio Shanika?

---

6. Algunos estudiantes estaban almorzando. Cuatro estudiantes se les unieron. Ahora, hay 17 estudiantes almorzando. ¿Cuántos estudiantes estaban almorzando al principio?

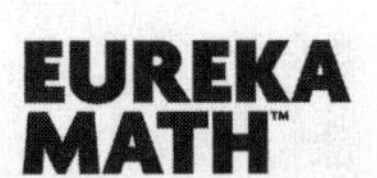

Nombre ______________________ Fecha ____________

1. Encierra en un círculo la carita sonriente que muestra tu nivel de fluidez en cada actividad.

Actividad	Todavía necesito algo de práctica.	Puedo completar, pero todavía tengo algunas preguntas.	Tengo fluidez.
a.			
b.			
c.			
d.			
e.			
f.			

2. ¿Qué actividad te ayudó más para tener fluidez con tus operaciones hasta 10?

Esta página se dejó en blanco intencionalmente

Nombre ________________________________ Fecha ______________

1. Enseña a un miembro de la familia algunas de nuestras actividades de conteo. Marca todas las actividades que hagan juntos.

- ☐ Conteo feliz en unidades.
- ☐ Conteo feliz en decenas.
- ☐ Conteo en unidades con el método *Say Ten*.
- ☐ Conteo en decenas con el método *Say Ten*. Primero, comienza en 0; luego, comienza en 7.
- ☐ Conteo en movimiento - cuenta mientras haces sentadillas, balanceo de brazos, saltos de tijera, etc.

2. Escribe los números del 91 al 120:

91		93							

				105					

								119	

3. Cuenta hacia atrás en decenas desde 97 hasta 7.

97, _____, 77, _____, _____, _____, _____, _____, _____, _____

4. En la parte posterior de tu hoja, escribe tantas sumas y diferencias hasta 20 como puedas. ¡Encierra en un círculo las unidades que fueron difíciles para ti al principio del año!

Esta página se dejó en blanco intencionalmente

Nombre ______________________________ Fecha ______________

Completa una actividad de matemáticas cada día. Colorea la casilla por cada día que hagas la actividad sugerida.

Repaso de matemáticas de verano: Semanas 1–5

	Lunes	Martes	Miércoles	Jueves	Viernes
Semana 1	Cuenta desde 87 hasta 120 y hacia atrás.	Juega a Sumar con tarjetas.	Tangram para hacer una imagen del cuatro de julio.	Usa decenas rápidas y unidades para dibujar 76.	Completa un Sprint.
Semana 2	Haz sentadillas contando. Cuenta desde 45 hasta 60 y hacia atrás con el método *Say Ten.*	Juega a Restar con tarjetas.	Haz una gráfica de los tipos de frutas en tu cocina. ¿Qué descubriste en tu gráfica?	Resuelve 36 + 57. Realiza un dibujo para mostrar tu razonamiento.	Completa un Sprint.
Semana 3	Escribe números desde 37 hasta lo más alto que puedan en un minuto, mientras cuentas susurrando con el método *Say Ten.*	Juega al Ejercicio de tiro al blanco o Agita esos discos para 9 y 10.	Mide una mesa con cucharas y luego con tenedores. ¿De cuál necesitaste más? ¿Por qué?	Usa monedas reales o dibuja monedas para mostrar tantas formas como puedas para hacer 25 centavos.	Completa un Sprint.
Semana 4	Haz saltos de tijera mientras cuentas hacia delante en decenas hasta 120 y hacia atrás hasta 0.	Juega a la Suma *Race and Roll* o a la Suma con tarjetas.	Haz una búsqueda del tesoro. Encuentra tantos rectángulos o prismas rectangulares como puedas.	Usa decenas rápidas y unidades para dibujar 45 y 54. Encierra en un círculo el número mayor.	Completa un Sprint.
Semana 5	Escribe los números del 75 al 120.	Juega a la Resta *Race and Roll* o a la Resta con tarjetas.	Mide el camino desde tu baño hasta tu habitación. Camina con los talones y cuenta tus pasos.	Suma 5 decenas a 23. Suma 2. ¿Qué número encontraste?	Completa un Sprint.

Nombre ______________________________ Fecha ____________

Completa una actividad de matemáticas cada día. Colorea la casilla por cada día que hagas la actividad sugerida.

Repaso de matemáticas de verano: Semanas 6-10

	Lunes	Martes	Miércoles	Jueves	Viernes
Semana 6	Cuenta de uno en uno desde el 112 hasta 82. Luego, cuenta desde 82 hasta 112.	Juega a la Parte que falta para 7.	Escribe un problema razonado para 9 + 4.	Resuelve 64 + 38. Realiza un dibujo para mostrar tu razonamiento.	Completa un Grupo de práctica de fluidez común
Semana 7	Haz sentadillas contando. Cuenta hacia atrás desde 99 hasta 75 y hacia delante de nuevo con el método *Say* Ten.	Juega a la Suma *Race and Roll* o a la Suma con tarjetas.	Haz gráficas de los colores de todos tus pantalones. ¿Qué descubriste en tu gráfica?	Dibuja 14 centavos con monedas de 10 centavos y de 1 centavo. Dibuja 10 centavos más. ¿Qué monedas usaste?	Completa un Grupo de práctica de fluidez común.
Semana 8	Escribe los números desde 116 hasta el número más bajo que puedas en un minuto.	Juega a la Parte que falta para 8.	Escribe un problema razonado para 7 + ___ = 12.	Usa decenas rápidas y unidades para dibujar 76. Dibuja monedas de 10 centavos y de 1 centavo para mostrar 59 centavos.	Completa un Grupo de práctica de fluidez común.
Semana 9	Haz saltos de tijera mientras cuentas hacia delante en decenas desde 9 hasta 119 y hacia atrás hasta 9.	Juega a la Resta *Race and Roll* o a la Resta con Tarjetas.	Haz una búsqueda del tesoro para figuras. Encuentra tantos círculos o esferas como puedas.	Usa decenas rápidas y unidades para dibujar 89 y 84. Encierra en un círculo el número que sea menor.	Completa un Grupo de práctica de fluidez común.
Semana 10	Escribe los números desde 82 hasta lo más alto que puedas en un minuto, mientras cuentas susurrando con el método *Say Ten*.	Juega al Ejercicio de tiro al blanco o Agita esos discos para 6 y 7.	Mide los pasos desde tu habitación hasta la cocina, caminando con los talones y luego pide a un miembro de la familia que haga lo mismo. Compara.	Resuelve 47 + 24. Realiza un dibujo para mostrar tu razonamiento.	Completa un Grupo de práctica de fluidez común.

Suma (o resta) con tarjetas

Materiales: 2 conjuntos de tarjetas numéricas de 0–10.

- Mezcla las tarjetas y colócalas boca abajo entre los dos jugadores.
- Cada compañero voltea dos tarjetas y las suma, o resta el número menor al número más grande.
- El compañero con la suma mayor o la diferencia menor mantiene las tarjetas jugadas por ambos jugadores en esa ronda.
- Si las sumas o diferencias son iguales, las tarjetas se dejan de lado y el ganador de la siguiente ronda mantiene las tarjetas de ambas rondas.
- Cuando todas las tarjetas han sido usadas, el jugador con la mayoría de las tarjetas gana.

Sprint

Materiales: Sprint (Lados A y B).

- Haz tantos problemas como puedas en el Lado A en un minuto. Luego, trata de ver si puedes mejorar tu puntuación respondiendo aun más problemas en el Lado B en un minuto.

Ejercicio de tiro al blanco

Materiales: 1 dado.

- Elige un número determinado para practicar (p. ej., 10).
- Tira el dado y di el otro número necesario para dar en el blanco. Por ejemplo, si sale el 6, dices 4, pues 6 y 4 hacen diez.

Agita esos discos

Materiales: Monedas de 1 centavo.

La cantidad de monedas de 1 centavo necesarias depende del número practicado. Por ejemplo, si los estudiantes están practicando sumas de 10, necesitan 10 monedas de 1 centavo.

- Agita tus monedas de 1 centavo y déjalas caer sobre la mesa.
- Di dos enunciados de suma que sumen caras y cruces. (Por ejemplo, si ves 7 caras y 3 cruces, dirías 7 + 3 = 10 y 3 + 7 = 10).
- Desafío: Di cuatro enunciados de suma en lugar de dos. (Por ejemplo, 10 = 7 + 3, 10 = 3 + 7, 7 + 3 = 10, y 3 + 7 = 10).

Suma (o resta) *Race and Roll*

Materiales: 1 dado.

Suma

- Ambos jugadores comienzan en 0.
- Cada uno tira un dado y luego dice un enunciado numérico sumando el número que salió a su total. (Por ejemplo, si el primer tiro de un jugador es 5, el jugador dice 0 + 5 = 5).
- Continúen tirando rápidamente y diciendo enunciados numéricos hasta que alguno llegue a 20 sin volver a empezar. (Por ejemplo, si un jugador está en 18 y sale el 5, el jugador continuaría tirando hasta llegar a 2).
- El primer jugador en llegar a 20 gana.

Resta

- Ambos jugadores empiezan en 20.
- Cada uno tira un dado y luego dice un enunciado numérico restando el número que salió del total. (Por ejemplo, si el primer tiro de un jugador es 5, el jugador dice 20 - 5 = 15).
- Continúen tirando el dado rápidamente y diciendo enunciados numéricos hasta que alguno llegue a 0 sin volver a empezar. (Por ejemplo, si un jugador está en 5 y sale el 6, el jugador continuaría tirando el dado hasta llegar a 5).
- El primer jugador en llegar a 0 gana.